瘋手搖！開店90款茶飲特調技術

片倉康博　田中美奈子

瑞昇文化

序言

茶飲在一開始是藥用，到了日本的平安時代，唐朝將茶的種子帶到了奈良，開啟了日本的茶飲歷史。自鎌倉時代將綠茶研磨為粉末成為抹茶，流傳開來誕生了茶道。足利時代開始有了宇治茶這樣的品牌。在安土桃山時代，宇治茶會被加工為高級碾茶。之後進入了茶人千利休等人活躍的時代，打造出所謂「茶湯」，並使此物成為富商及武士們的喜愛飲品。到了江戶時代，茶葉的生產量增加，因此庶民們也開始飲用煎茶。茶湯也正式被江戶幕府定為禮節的一環，是武家社會不可或缺的物品。自那個時代起，庶民也越來越常飲用茶葉烹煮而成的飲料。

在歐洲則由半發酵茶發展為紅茶。進行與印度阿薩姆的配種，在印度各地、斯里蘭卡、孟加拉都積極栽培茶葉。

在移動只能使用船隻或者徒步的時代，由於生水非常危險，而無法在長距離移動當中直接飲用、但新鮮牛奶又無法保存太多天。紅酒及啤酒等酒精類會使人醉倒。茶葉則具備抗菌功效又可長久保存，因此被視為珍寶。

之後在英國等國家的上流階級貴族之間，將價格高昂的砂糖及牛奶加入茶中飲用的風氣蔚為盛行。由於英國只有攝取早晚兩餐，之間並不會有其他正餐，因此在過午感到飢餓時，

加了砂糖與牛奶的奶茶能夠使人感到滿足，也養成了飲用的習慣。

茶雖然隨著時代潮流變化，但咖啡的市場逐漸擴張，進入了不喝茶的時代。為了提高茶葉需求，生產者努力生產更好的茶葉、提高茶葉品質。然而相對來說，由於太過拘泥於品質，茶葉變得過於高價、一般人無法輕鬆飲用，只有能夠分辨出纖細香氣的愛茶人才會購買，如此一來，享用茶葉的領域反而縮減了。

雞尾飲料是為了讓大家能夠輕鬆享用不易飲用的飲品，所以將基底飲品搭配其他材料來讓大家更輕鬆飲用。由於珍珠奶茶造成極大風潮，現在的茶葉也逐漸能夠製作為雞尾飲料，搭配各種適合的材料，發展為各種世代都能開心享用的茶飲。珍珠奶茶與水果茶的食譜及各種變化飲料，在先前出版的《珍珠奶茶水果茶　開店夢想技術教本（中文出版名）》中有詳細介紹，還請參考。

另外，目前茶葉的發展，是建立於整個茶葉世界所有先進們打造起來的財產。本書抱持著對於這些有形無形財產的敬意，內容結構是先向大家介紹純茶的食譜，歷經各種傳統茶飲之後則是最新的茶類飲料。最新的茶類飲料，我們將搭配各人氣商店的版本一起介紹。

本書是期許大家能夠更加開心享用茶飲的食譜以及相關點子，除了希望大家能夠加以活用以外，也能夠感受茶類飲料的可能性。

香飲家　片倉康博
田中美奈子

CONTENTS
目錄

作者檔案

香飲家　片倉康博（かたくら　やすひろ）　Yasuhiro　Katakura

在調酒師時代學習QSC、面對面服務、雞尾飲料等飲品知識及均衡方式、TPO的重要性等，將經驗應用在咖啡業界，推廣以獨家理論打造的萃取咖啡技術。以「搭配飲食文化之飲品及搭配TPO之飲品」、「咖啡飲品與食品搭配」的首席身分在飯店、餐廳、咖啡廳、甜點店等擔任顧問咖啡調理師，同時擔任調理師、製菓專業學校特別講師。來自海外的委託也非常多，在上海、北京、天津等地也擔任講師工作。另外，也經手餐飲店企劃、店面建設及重建、員工教育、飲品外燴、顧問、業務代理、商品開發。可直接詢問本書中介紹的材料、包裝、機械工具、商品進貨資訊等。著作有《珍珠奶茶水果茶　開店夢想技術教本（中文出版名）》（瑞昇出版）。

Email　:　y.katakura@kouinka.com

instagram：@yasu.katakura

香飲家　田中美奈子（たなか・みなこ）　Minako　Tanaka

料理家、咖啡廳企劃。DEAN&DELUCA咖啡經理，開發飲品菜色後獨立。曾經手咖啡餐廳管理人主廚、咖啡調理師、咖啡廳店面商品開發、食物設計等。配合收藏主題設計的展覽用訂製飲品及外送、以當季蔬菜為主打造的料理皆大受好評。著作有《珍珠奶茶水果茶　開店夢想技術教本（中文出版名）》（瑞昇出版）、「ケータリング 分の Food　Box」（文化出版局）等。於幻冬社GINGERweb連載「田中美奈子の野菜が際立つ簡 ごはん」專欄。

https://gingerweb.jp/authors/navigator121

instagram：@minakotanaka9966

※香飲家是由片倉康博及田中美奈子發起的團體。

香氣是五感當中最容易留下記憶的，同時也會喚起人類的情緒。飲料對於美味的餐點及甜點來說是不可或缺的。餐點與飲料、甜點與飲料達到均衡的時候，自然會對於享受該環境留下深刻印象。香飲家的理念是打造出人類在下意識感覺中不會察覺任何異常的舒適環境，持續追求飲料的可能性。

—片倉康博　田中美奈子—

TEA DRINK RECIPE

茶飲食譜

茶飲的傳統到創新

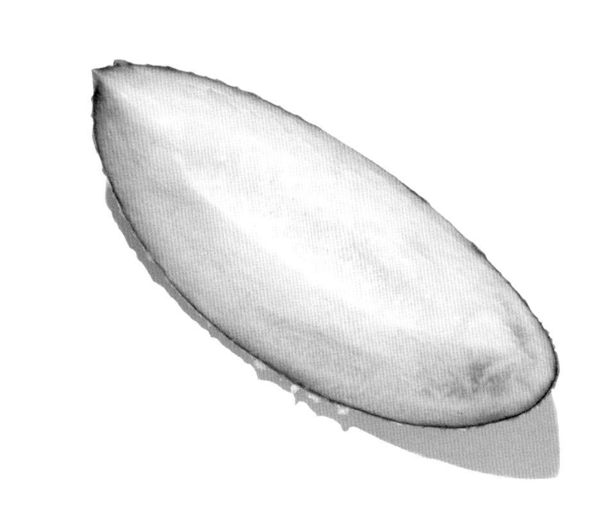

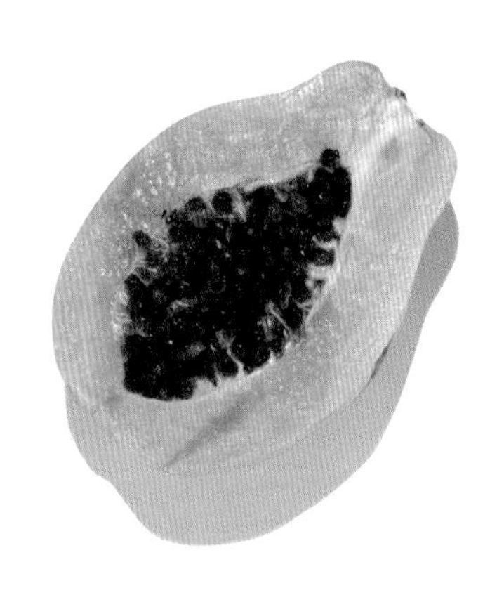

※關於本書介紹的食譜

・飲料的食譜會由於預定打造的風味及使用的材料、分量而有所改變。請將書中介紹的食譜作為範例之一來參考。
・飲料有時會因使用的工具及機器等不同而造成不同的風味，請將本書中的食譜作為參考並考量可能有此類變化。
・本書中使用的是專業機器「HUMOR HW professional」（果汁機）、「Vitamix A2500i」（攪拌機）。
・飲料容量及使用的容器都只是約略計算。請依照需求的風味及提供方式來調整。
・本書中的飲料若是熱飲會標有✷、若是冰飲則標示❄。
・介紹的飲品當中，有些標記著HYBRID標示。這是用來表示可以同時享用飲食、香氣等，打破飲料＝喝的概念，搭配其他要點創作出來的飲料。

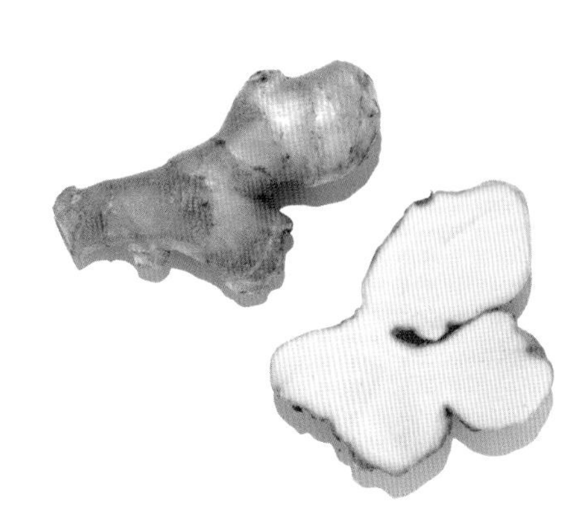

STRAIGHT TEA
純茶

要了解茶葉原始的口味，就先喝純茶，不要添加牛奶及砂糖。這是最能夠明白茶葉原先口味及特徵的方式。熱水的溫度及沖泡時間會因茶葉種類而異，但只要能遵守幾個重點，所有人都能沖泡出美味的茶湯。而調味茶飲的基礎自然還是純茶。能夠明白純茶的口味，也對於調配新飲品所幫助。

紅茶　大吉嶺

材料　(total容量：280～290g)

大吉嶺（茶葉）　6g
水　300g

製作方式

① 將剛裝好的自來水煮沸，倒進茶器以及茶杯當中，先溫杯。
② 倒掉茶器中的熱水後放入茶葉，快速倒入95℃熱水，蓋上茶器蓋子悶4分鐘。
③ 稍微轉動茶器，使當中的茶湯濃度均勻之後，倒入剛才溫過的杯中。

大吉嶺被稱為紅茶中的香檳，與錫蘭烏瓦、祁門並稱三大紅茶。要充泡得美味，重點就在於「跳躍」。要讓茶葉能夠翻動，就要有氧氣，因此絕竅就在於使用新鮮自來水以及礦泉水的時候，晃動軟水使其帶有氧氣。

大吉嶺

材料　(total容量：1000g)

大吉嶺（茶葉）　20g
水　650g
冰　400g

製作方式

① 將剛裝好的自來水煮沸。
② 將茶葉放入茶器當中，快速倒入95℃熱水，蓋上茶器蓋子悶4分鐘。
③ 將步驟②的茶湯倒入裝好冰塊的容器中冷卻。

東方美人

材料　(total容量：280～290g)

東方美人（茶葉）　6g
水　300g

製作方式

① 將剛裝好的自來水煮沸，倒進茶器以及茶杯當中，先溫杯。
② 倒掉茶器中的熱水後放入茶葉，快速倒入85℃熱水後馬上倒掉（這是為了去除茶葉的髒汙，使茶葉更容易泡開）。
③ 再次將熱水倒入茶器當中，蓋上蓋子悶30秒，倒入已經溫好的杯中。

※第一泡熱水留在茶壺中會變得苦澀，因此要倒完。加了熱水以後，第二泡馬上就能飲用。

東方美人

材料　(total容量：1000g)

東方美人（茶葉）　20g
水　650g
冰　400g

製作方式

① 將剛裝好的自來水煮沸，倒進茶器以及茶杯當中，先溫杯。
② 倒掉茶器中的熱水後放入茶葉，快速倒入85℃熱水後馬上倒掉。
③ 再次將熱水倒入茶器當中，蓋上蓋子悶30秒，注入盛裝冰塊的容器後快速攪拌。

這是台灣採摘的高級青茶。先讓茶葉發酵之後進行加熱處理，因此會由於發酵度相異而產生口味變化。葉片非常脆弱，在抵達工廠後必須24小時內進行細心作業，是非常高級的茶葉。必須在時機恰當的時候加熱，若沒有阻止發酵就會變成紅茶。另外，這是在標高300m到800m的低山嶺上一種叫做小綠葉蟬的蟲子棲息地，由牠們打造出來的茶葉，因此蟲子的狀況也會對茶葉口味造成極大影響。

祁門紅茶

祁門紅茶是世界三大茶葉之一，被稱為紅茶中的勃艮第，是在祁門縣製作的紅茶。在濕氣高氣溫低的山岳地帶，由於不會照射到日光，因此茶葉中的丹寧也不會轉換為多酚，是與其他茶葉相比，丹寧成分較高的紅茶。具有纖細美麗的俐落樣貌、顏色為帶有光澤的黑色，當中混有金色的茶尖就是品質良好的高級茶葉證明。湯色為鮮豔的紅色。特徵是帶有些許煙燻味及甜蜜花香。

材料　(total容量：280～290g)

祁門（茶葉）　6g
水　300g

製作方式

① 將剛裝好的自來水煮沸，倒進茶器以及茶杯當中，先溫杯。
② 倒掉茶器中的熱水後放入茶葉，快速倒入95℃熱水，蓋上茶器蓋子悶4分鐘。
③ 稍微轉動茶器，使當中的茶湯濃度均勻之後，倒入剛才溫過的杯中。

材料

材料　(total容量：1000g)

大吉嶺（茶葉）　20g
水　650g
冰　400g

製作方式

① 將剛裝好的自來水煮沸。
② 將茶葉放入茶器當中，快速倒入95℃熱水，蓋上茶器蓋子悶4分鐘。
③ 將步驟②的茶湯倒入裝好冰塊的容器中冷卻。

日本茶　玄米茶

材料　(total容量：280～290g)

玄米茶　9g
水　300g

製作方式

① 將剛裝好的自來水煮沸，倒進茶器中為茶器加溫。
② 將茶葉放入茶器中，快速倒入95℃熱水悶30秒。
③ 分次輪流倒在每個茶碗當中，使口味與分量均等。

※玄米茶的製作方式
① 將水加入裝了玄米的容器當中，水要蓋過玄米。
② 將步驟①的玄米用濾網瀝乾，用平底鍋炒到變色。
③ 以煎茶１：玄米1.5的比例混合。

①

玄米茶

材料　(total容量：600g)

玄米茶　30g
水　450g
冰　200g

製作方式

① 將剛裝好的自來水煮沸。
② 將茶葉放入茶器當中，快速倒入95℃熱水去悶。
③ 將步驟②的茶湯倒入裝好冰塊的容器中冷卻。

玄米茶是將浸泡過水的米翻炒之後，加入番茶或者煎茶當中製作成的茶飲。能夠同時享用翻炒的香氣與茶葉清爽的口味。玄米量通常與茶葉等量或者多一些，因此咖啡因含量也比較少（約為咖啡的30分之1左右）。沖泡的時候秘訣就在於使用沸騰的熱水，短時間萃取出茶湯。用高溫沖泡能讓香氣四溢，短時間萃取也可以抑制造成苦澀味的丹寧。

日本茶　煎茶

材料　(total容量：280～290g)

煎茶（茶葉）　9g
水　300g

製作方式

① 將剛裝好的自來水煮沸，倒入茶碗八分滿左右，計算水量（此時熱水會降溫到80℃）。
② 將茶葉裝入茶器當中，把茶碗中的熱水倒進茶器當中悶1分鐘。
③ 不要搖動茶器，分次輪流將茶湯注入茶碗當中，使口味與分量均等。

煎茶

材料　(total容量：600g)

煎茶（茶葉）　26g
水　450g
冰　200g

製作方式

① 將剛裝好的自來水煮沸，冷卻到80℃。
② 將茶葉放入茶器當中，倒入步驟①的熱水悶1分鐘。
③ 將步驟②的茶湯倒入裝了冰塊的容器當中冰鎮。

煎茶是在日本茶當中最普遍的茶。為不發酵綠茶當中的一種，藉由蒸熟的步驟使茶葉當中含有的酵素失去作用再進行加工。依據蒸的時間而區分為不同的種類。淺蒸的蒸熟時間短，在煎茶當中屬於較澀但口味俐落口感清爽。深蒸則比普通的煎茶來得濃郁、口味溫和。煎茶從冒出新芽起到摘取之前，一直都在日光下栽培。一旦沐浴在陽光下，就會進行光合作用，因此苦澀成分兒茶素的含量也會增加。這就是為何煎茶是非常容易感受到苦澀味的綠茶。

※參考：上級茶（玉露）的沖泡方式
水溫60℃、普通蒸茶悶1～2分鐘；深蒸茶悶30秒～1分鐘
第2泡、第3泡悶的時間大約是10秒左右

材料 （total容量：280～290g）

洋甘菊（茶葉） 9g
水 300g

製作方式

① 將剛裝好的自來水煮沸，倒進茶器以及茶杯當中，先溫杯。
② 將茶器中的熱水倒掉後放入茶葉，快速倒入95℃的熱水，蓋上茶器蓋子悶3分鐘。
③ 稍微轉動茶器，使茶湯濃度均勻後，倒入已經溫好的茶杯當中。

洋甘菊

材料 （total容量：1000g）

洋甘菊（茶葉） 27g
水 650g
冰 400g

製作方式

① 將剛裝好的自來水煮沸。
② 將茶葉放入茶器當中，快速倒入95℃的熱水，蓋上茶器蓋子悶3分鐘。
③ 將步驟②的茶湯倒入裝好冰塊的容器當中。

洋甘菊是香草茶當中最為有名且歷史悠久的一款。原產於歐洲，是生長在溫暖地區的菊科植物。據說早在4000年前就被當成藥草使用。作為花草茶來飲用的是德國洋甘菊的花朵部分。無咖啡因且口感溫和。洋甘菊chamomile據說是希臘文中的Chamai，表示「地上」；加上Melon「地上的蘋果」結合而成的字彙。可以抑制發炎、具有使人放鬆的效果，據說也可以抗老化。

洋甘菊

COLD BREWER TEA　冷泡茶

冷泡茶只需要使用冷水沖泡，就算是第一次泡茶的人也能輕鬆完成。有許多種茶葉都可以使用冷泡。只需要把水裝進容器當中，然後放入茶包就好。在冰箱冷藏的同時就能夠萃取出茶湯。茶葉成分當中的兒茶素（澀味）、咖啡因（苦味）具有易溶於熱水的性質。也就是說，使用冷泡可以抑制兒茶素以及咖啡因，帶出大量胺基酸（鮮味）。另外，綠茶當中所含有的維他命C易溶於水，但容易被熱水破壞，因此冷泡的話也比較不容易破壞營養素。以下介紹兩種不同的黃金冷泡茶。請享用各種與熱水沖泡時不同的清爽口味。

茉莉花茶

材料

（total容量：1000g）

茉莉花茶（茶葉）　9g

水　1020g

製作方式

① 將茶葉裝進茶包袋中。

② 將步驟①的茶包及水裝入附蓋的清潔容器當中。

③ 蓋上蓋子放進冰箱靜置8～10小時。

④ 萃取完成後取出茶包。

茉莉花茶是使用茉莉花（jasmine）＝木犀科植物的香氣打造出的茶葉，是占了花茶生產量80%、非常受歡迎的茶。在華北地區將茉莉花茶稱為「香片」，而在沖繩則稱為「sanpin茶」。通常基底會使用綠茶，但也有用烏龍茶或白茶來製作的。在中華料理當中也經常於油膩的餐點後上此茶來清口，據說也有幫助消化的功用。

焙茶 ❄

將煎茶、番茶、莖茶烘焙過後便稱為焙茶。看上去是紅棕色的，但其實是綠茶的一種。由於使用高溫烘焙，因此是咖啡因含量很低的茶葉。口味會因烘焙的程度以及使用葉片或葉莖部分而有所差異。焙茶含有獨特的「吡嗪（Pyrazin）」香氣成分。具有促進血液循環、防止血栓形成、使人放鬆等效果。

材料

（total容量：1000g）

焙茶（茶葉） 8g

水 1020g

製作方式

① 將茶葉裝進茶包袋中。

② 將步驟①的茶包及水裝入附蓋的清潔容器當中。

③ 蓋上蓋子放進冰箱靜置8～10小時。

④ 萃取完成後取出茶包。

※茶葉的焙煎方式

① 用大火加熱烘焙器1分鐘左右。

② 放入番茶、莖茶等綠茶，等到茶葉動起來，就一邊晃動一邊烘焙。要一直烘焙到高溫（200℃）。轉為適當顏色後便烘焙完成。

AUTHENTIC ARRANGEMENT TEA
傳統茶

飲用茶葉的方式在不同國家中有各種特徵。這是由於每個國家的風土及飲用環境並不相同。另外，搭配的東西也會改變飲用方式。茶葉能夠拓展到全世界，以各種不同方式供人類飲用、與人類如此貼近，想必有其道理。了解世界上各種正統飲用方式，必然能夠有新發現、為調配方式帶來全新靈感。

俄羅斯紅茶

材料

阿薩姆（茶葉）　8g
水　300g
草莓果醬　適量
伏特加　依個人喜好

製作方式

① 將剛裝好的自來水煮沸，倒進茶器以及茶杯當中，先溫杯。
② 將茶器中的熱水倒掉，快速倒入95℃熱水，蓋上茶器蓋子悶4分鐘。
③ 輕輕轉動茶器，使濃度均一萃取後，將茶湯倒入剛才溫好的茶杯當中，用茶炊中的熱水調整成自己喜好的濃度。

這是俄羅斯圈當中飲用紅茶的方式。在砂糖仍然非常貴重的時代，舔食用水果做的果醬並飲用紅茶，就是俄羅斯的飲用方式。倒出半杯泡得較濃的紅茶，使用一種名為「茶炊」的熱水壺來添加熱水，可以調整成個人喜好的濃度。也可以依照個人喜好加入伏特加。

※茶炊是一種在俄羅斯及其他斯拉夫各國、伊朗、土耳其等地用來煮沸熱水的傳統金屬製容器。

倫敦之霧

在加拿大誕生的「倫敦之霧」是目前於歐美地區也非常受歡迎的奶茶。製作方法是將溫熱的牛奶及香草糖或糖漿加入伯爵茶當中。

材料

伯爵（茶葉）　4g
水　150g
牛奶　75g
香草糖　適量

製作方式

① 將剛裝好的自來水煮沸，倒進茶器以及茶杯當中，先溫杯。
② 倒掉茶器中的熱水後裝入茶葉，快速倒入95℃熱水，蓋上茶器蓋子悶4分鐘。
③ 輕輕轉動茶器，使濃度均一萃取後，將茶湯倒入剛才溫好的茶杯當中。
④ 加入已溫好的牛奶及香草糖。

※香草糖
使用過的香草　5條
糖粉　200g
① 將使用過的香草完全風乾。
② 將步驟①的香草使用食物處理機打碎，與糖粉拌在一起。
③ 用細網目的茶葉濾網過濾步驟②的材料。

鳳梨雙色茶 ❄

材料

大吉嶺（ICE）　200ml
鳳梨果汁　200ml
糖漿　10ml

製作方式

① 將冰、鳳梨果汁、糖漿倒進玻璃杯中。
② 慢慢將大吉嶺注入步驟①的杯中。
※大吉嶺（ICE）請參照第9頁。

分為兩層的茶稱為雙色茶。為果汁添加甜度，利用比重差異讓甜味留在下層，做出雙色的效果。經常使用的是柑橘類果汁，牛奶、果凍等也可以拿來打造雙色效果。選擇的搭配材料與茶湯顏色差異大，會比較容易出現對比，外觀上也比較漂亮。

馬薩拉印度奶茶

材料

阿薩姆CTC（茶葉） 20g
小豆蔻 4顆
肉桂 1支
丁香 4顆
八角 2顆
生薑 2片
水 200g
牛奶 200g
三溫糖 20g

製作方式

① 將小豆蔻切開。
② 把香料及水放入鍋中，開火讓香料煮出香氣。
③ 將茶葉放入悶2分鐘。
④ 加入牛奶、三溫糖之後開火，煮到幾乎沸騰後用濾茶網濾入杯中。

這是起源於9世紀印度的茶飲。是將馬薩拉＝香料；印度奶茶＝印度式煮成甜口味的奶茶結合在一起的茶。香料的種類及分量有許多種食譜，不過主要多半使用生薑、肉桂、小荳蔻、丁香等。由於印度將上好的茶葉都賣到英國，在印度只剩下一些近似茶粉的細碎茶葉，幾番思考如何才能將其轉變為好喝的飲料之後，誕生的就是印度奶茶，之後才將香料加入奶茶當中。

材料

隨個人喜好的茶（茶葉）　6g
水　300g
蘋果（切片）　適量
肉桂　1支

製作方式

① 將剛裝好的自來水煮沸，倒進茶器以及茶杯當中，先溫杯。
② 倒掉茶器中的熱水後裝入茶葉及蘋果，快速倒入95℃熱水，蓋上茶器蓋子悶4分鐘。
③ 將步驟②的茶湯倒入以溫好的杯中，擺上肉桂。

茶葉、新鮮蘋果片、加上肉桂，這是具有獨特異國香氣的紅茶。魅力就在於有著類似蘋果派的風味。蘋果與肉桂非常對味，是極為正統的組合，也經常使用在甜點或者派類餐點當中。在蘋果當季的時候可以使用新鮮的。也有些將乾燥蘋果與茶葉搭配在一起的商品。

熱蘋果肉桂茶

薄荷茶

材料

綠茶（茶葉）　6g
水　300g
新鮮薄荷　適量
方糖　適量

製作方式

① 將剛裝好的自來水煮沸，倒進茶器以及茶杯當中，先溫杯。
② 倒掉茶器中的熱水後裝入茶葉，快速倒入95℃熱水，蓋上茶器蓋子悶40秒即可。
③ 將新鮮薄荷放入杯中，倒入步驟②的茶湯，附上方糖。

在突尼西亞、阿爾及利亞及摩洛哥等馬格里布諸國，提到茶一定是薄荷茶。在綠茶中加入大量新鮮薄荷，同時可附上方糖。

摩洛哥茶

材料

煎茶（綠茶） 8g
水 300g
小荳蔻 4顆
丁香 4顆
細砂糖 30g

製作方式

① 將小荳蔻切開。
② 將香料與水放入鍋中，開火讓香料煮出香氣。
③ 將茶葉放入悶2分鐘。
④ 加入細砂糖，以濾茶網濾入杯中。

這是摩洛哥的國民飲品。在摩洛哥也有著像日本茶道那樣的喝茶方式，稱為as-shāy。方法是熬煮珠茶並添加大量砂糖及薄荷。越往南方，茶葉及砂糖的量就越多。珠茶是一種綠茶，特徵是圓球狀的茶葉。口味上與日本飲用的綠茶非常相似。

奶油茶

材料

祁門（茶葉）　8g
水　300g
牛奶　50g
無鹽奶油　1茶匙
岩鹽　少許

製作方式

① 將水放入鍋中煮沸。
② 將牛奶、奶油、岩鹽放入步驟①的鍋中，用攪拌器攪拌的同時加熱保持溫度。
③ 添加茶葉悶2分鐘。
④ 依個人喜愛添加砂糖（不在食譜分量內），以濾茶網濾到杯中。

主要以西藏、不丹等地為中心，是亞洲中央遊牧民族及居民飲用的茶中最具代表性的飲品。油酥茶（攪拌的茶）是當地的奶油茶，在起床之後到睡前都會喝上好幾杯。當地使用將茶葉屑壓製成的固體磚茶長時間烹煮，加入犛牛（牛的同類）的乳脂肪與鹽。由於高地生活非常容易缺乏維他命、脂肪、蛋白質，因此酥油茶具有補充營養的功效。

材料

烏瓦（茶葉）　6g
葡萄（無籽）　適量
水　300g
紅酒　10g
細砂糖　10g
葡萄（切片）　適量

製作方式

① 搗碎葡萄、將水煮開。
※若使用有籽葡萄，必須先去除種子。
② 將剛裝好的自來水煮沸，倒進茶器、茶杯及水壺當中，先溫杯。
③ 依序將步驟①的葡萄、茶葉放入茶器當中，以95℃熱水悶4分鐘。
④ 將步驟③的茶湯以濾茶器濾進水壺當中，加入紅酒及砂糖溶化。
⑤ 將切片葡萄放入杯中，倒入步驟④的茶湯。

雪巴人是協助一般人攀登喜馬拉雅山的山嶺導遊，據說這是他們為了療癒艱困的登山行程而開始飲用的茶。將紅酒、山上生長的山葡萄加入茶當中。紅酒的酒精能夠溫暖身體、而甜美多汁的葡萄主成分是果糖及葡萄糖，能夠馬上成為身體的能量來源。

雪巴茶

鴛鴦茶 ❄

材料

東方美人（ICE）　150g
煉乳　20g
義式咖啡　30g
冰　適量

製作方式

① 將煉乳、冰、東方美人倒入玻璃杯中，緩緩注入義式咖啡。

※東方美人（ICE）　參考第10頁

古代有所謂的陰陽思想，也認為將陰陽兩種飲品組合在一起，兩種性質就會對等。這款茶飲稱為鴛鴦，被認為是非常吉祥的飲品。在香港是非常普遍的飲料。

西班牙甘菊茶

材料

洋甘菊（茶葉） 6g
茴芹籽 1小匙
水 300g

製作方式

① 將茶葉、茴芹籽、水放入鍋中並煮沸。
② 沸騰之後關火悶4分鐘，以濾茶器濾進杯中。
③ 依個人喜好附上橘花蜜（不在食譜分量內）。

在高地之國墨西哥，為了防止消化不良會飲用此款茶飲。洋甘菊可以溫熱身體、具有利尿作用及放鬆效果。再加上用來提升免疫力、醫治腹痛的茴芹籽。若與蜂蜜一起飲用不但甘甜，也更能加強殺菌力量。

聖誕茶

材料

伯爵（茶葉）　6g
水　300g
肉桂　2支
丁香　4顆
肉豆蔻　少許
橘子（半月片狀）　4片
細砂糖　適量

製作方式

① 溫好茶器與茶杯。
② 將水放入鍋中，開火使其沸騰後放入香料烹煮。
③ 將茶葉與步驟②的熱水放入茶器當中悶3分鐘。
④ 將步驟③的茶湯與橘子片放入茶杯中，依個人喜好添加細砂糖飲用。

在英國及歐洲會於聖誕節飲用的特殊茶飲。一般會混和肉桂、丁香、肉豆蔻及水果片。香料是用來表示耶穌誕生時，前來祝賀的東方三博士送給耶穌的三項物品（乳香、沒藥、黃金）象徵。

茶葉分類與紅茶基礎知識

茶的世界具有漫長的歷史與傳統。要學習相關知識，有數量眾多的書籍及資料，以下稍微解說茶的分類以及茶飲基底所需要的一般性紅茶知識。

茶葉分類

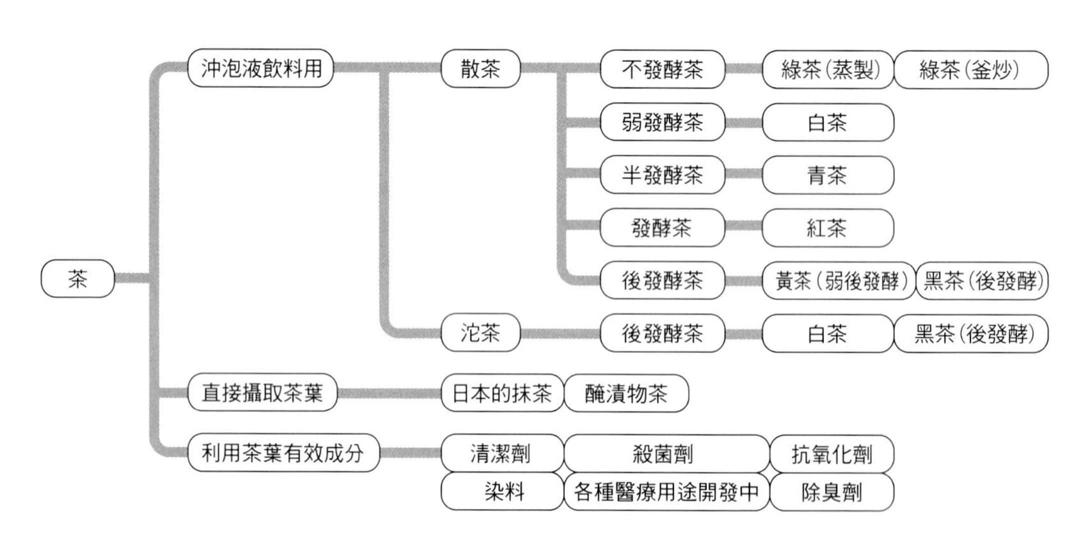

飲茶　茶葉維持原貌的茶

綠茶（蒸製）
茶、玉露、冠茶、玉綠茶、番茶

綠茶（釜炒）
大陸：龍井茶、黃山毛峰等
日本：玉綠茶

【適溫】80℃～90℃（溫度過高會使香氣及口味散失，且易有苦味）

白茶
白牡丹、銀針白毫【適溫】85℃～95℃（溫度過高會使香氣及口味散失，且易有苦味）

青茶
武夷岩茶、鐵觀音茶、水仙茶、烏龍茶、色種、包種茶、白毫烏龍茶等【適溫】90℃～100℃（使用高溫沖泡能讓口味與香氣更加立體）

紅茶
大吉嶺、阿薩姆、尼爾吉利斯、烏瓦、祁門、汀普拉【適溫】90℃～100℃（使用高溫沖泡能讓口味與香氣更加立體）

黃茶（弱後發酵）
君山銀針等【適溫】85℃～95℃（溫度過高會使香氣及口味散失，且易有苦味）

黑茶（後發酵）
普洱茶【適溫】95℃以上（使用高溫沖泡能讓口味與香氣更加立體）

沱茶　將壓縮的茶葉磨成粉末後放入茶碗中，與熱水攪拌在一起，與日本抹茶非常相似的茶

黑茶（後發酵）
餅茶、磚茶、沱茶、方茶、緊茶【適溫】95℃以上（使用高溫沖泡能讓口味與香氣更加立體）

※參考／花茶【適溫】75℃～85℃（80℃上下的水溫最能萃取出香氣及口味）

紅茶製作流程　正統製作方式

① 採摘（Plucking）

也就是採茶。主要紅茶產地是以手工摘取新鮮葉片的年輕柔軟部分，通常是一心二葉或者三葉。為了不使摘取下來的新鮮葉片受損，必須在維持新鮮的時候就運送到工廠。

② 萎凋（Withering）

也就是讓新鮮葉片枯萎的過程。使葉片枯萎而變柔軟，之後的揉捻製程會比較輕鬆。此時葉片內部的成分開始變化，新鮮葉片的芬芳會逐漸出現花朵或果實的香氣。

③ 揉捻（Rolling）

揉製葉片的製程。除了附加壓力使葉片形狀改變以外，也會破壞茶葉的組織及細胞，使含有氧化酵素的茶汁流出與空氣接觸。從此步驟開始正式進行氧化發酵。

④ 解塊（Roll breaking・Green sifting）

揉捻後的茶葉會結成一塊，因此要把這種塊茶打散。這是為了使下一個步驟的發酵能夠均勻進行。

⑤ 氧化發酵（Fermentation/Oxidization）

促進氧化發酵的製程。將茶葉靜置於溫度、濕度都在控管之下的場所。葉面表面的顏色會慢慢轉化為紅銅色。葉片內部會開始進行氧化發酵，成熟果時的香氣及濃郁口味也會轉強，逐漸變為茶湯顏色較深的紅茶。

⑥ 乾燥（Drying）

以熱風乾燥茶葉的製程。加熱之後氧化酵素的效用就會停止。茶葉的外觀轉為乾燥的深褐色，此時被稱為「粗茶」，紅茶的風味已經固定下來，可以儲藏及運送。

⑦ 完成（Sorting）

去除多餘的葉莖、茶屑茶粉等，使用篩子來進行等級區分。完成的紅茶會被嚴密區分製造批次才能進入市場。

紅茶產地

SRILANKA斯里蘭卡（錫蘭）

UVA烏瓦（世界三大茗茶）

DIMBULA汀普拉

NUWARA ELIYA努沃勒埃利耶

KANDY康提

RUHUNA盧哈娜

INDIA印度

DAIJEELING大吉嶺（世界三大茗茶）

ASSAM阿薩姆

NILGIRI尼爾吉利斯

DOORS多爾滋

CHINA大陸

KEEMUN祁門（世界三大茗茶）

LapusangSouchon正山小種

YUNNAN雲南紅茶

INDONESIA印度尼西亞

JAWA爪哇

SMATRA蘇門答臘

KENYA肯亞

KENYA肯亞

紅茶茶葉等級

紅茶依照葉片形狀及大小為標準區分其等級。

Tip是位於茶樹最前端、剛發芽而葉片還沒張開的新芽，這種毫尖的量越多，等級就越高。尤其是含有黃金毫尖（毫尖表面的絨毛在發酵時會染上紅茶葉色而轉為金黃色的新芽）及銀色毫尖（銀白色的新芽）的美麗紅茶被認為是最高級的，價格也非常高昂。

※等級並不完全代表口味。

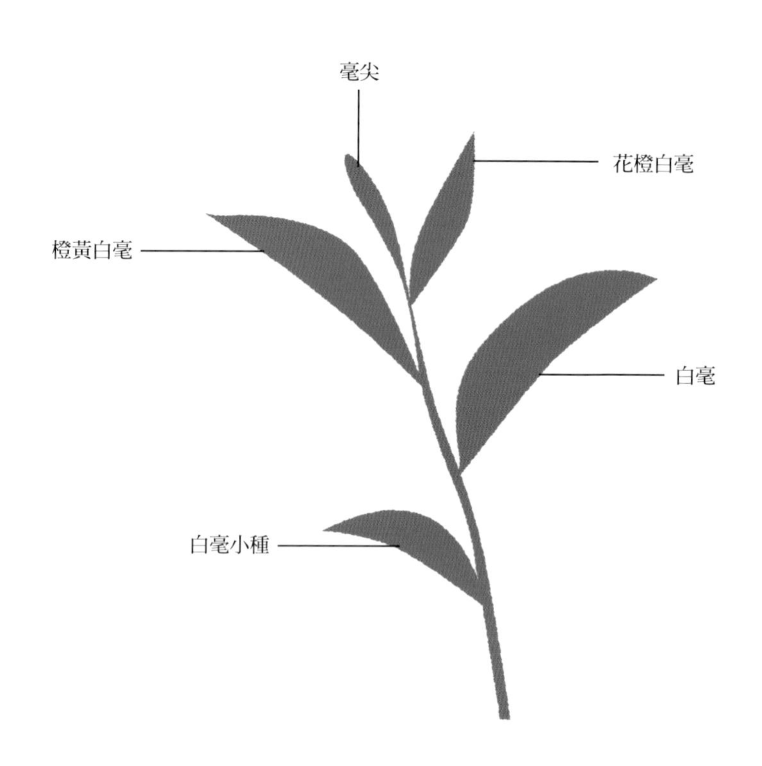

WHOLE LEAF >>> 茶葉原先的大小。基本等級：OP 7～12mm

TGFOP（Tippy Golden Flowery Orange Pekoe）：
色澤金黃的高級新芽，含有大量黃金毫尖，FOP中最高級的。

GFOP（Golden Flowery Orange Pekoe）：
FOP中含有色澤金黃的高級新芽，也就是含有黃金毫尖的產品。

FOP（Flowery Orange Pekoe 花橙白毫）：
最前端的新芽稱為毫尖，一般包含大量毫尖的茶葉便稱為FOP。毫尖越多者越高級，依照毫尖含量不同，等級還能再細分。

OP（Orange Pekoe 橙黃白毫）：
位於毫尖之下的葉片。將其揉捻而成的茶葉就稱為OP。

P（Pekoe 白毫）：
OP的下一葉。比OP稍長且寬。

PS（Pekoe Souchong 白毫小種）：
P的下一葉。寬又短。

S（Souchong 小種）：
PS以下的葉片。寬且為圓球狀。

BROKENS >>> 切碎的葉片、基本等級：BOP 2～3mm

FBOP（Flowery Broken Orange Pekoe）：
將FOP葉片切碎製成。

TGFBOP（Flowery Broken Orange Pekoe）：
TGFOP的葉片切碎製成，碎片款中最高級的。

GBOP（Golden Broken Orange Pekoe）：
連金黃色新芽的黃金毫尖都放下去打算的豪華碎葉。

BOP（Broken Orange Pekoe）：
將OP葉片切碎製成。能夠比完整葉片的OP更快萃取出茶湯。

BP（Broken Pekoe）：
將P葉片切碎製成。雖然尺寸上比BOP稍大一些，但萃取時間還是很短。

BPS（Broken Pekoe Souchong）：
將PS切到細碎製成。比BP再稍微大一些。

FANNINGS >>> 比Broken還要細碎的茶葉，基本等級：BOPF 1～2mm

BOPF（Broken Orange Pekoe Fannings）：將BOP切更細的茶葉，茶湯色深。

DUSTS >>> 比FANNINGS更細碎的粉末，基本等級：D 1mm前後

D（DUST）：
比FANNINGS更細碎的粉末，是尺寸最小的等級。萃取時間非常短，通常用在茶包當中。

CTC >>> 使用CTC製作法製作的茶葉。Crush Tear Cur：碾碎、撕裂、搓揉。

紅茶產季

紅茶茗品季節 Quality Season

這是指能夠採摘優良紅茶的季節。就算是同一個紅茶產地，顏色、香氣以及口味也會隨著採摘的季節及時期而相異。栽種在印度喜馬拉雅山麓的大吉嶺茗品季節一年有三次。

大吉嶺的茗品季節

・first flush春摘茶（3～4月）。

春摘有著新葉般鮮嫩的香氣及清爽的澀味，特徵是新鮮而纖細的口味。茶葉為淡綠色，倒入杯中的茶湯則色澤金黃。春摘就等於新茶，非常受到喜歡新鮮產物的日本人以及一部分歐洲人（德國等）歡迎。

・second flush夏摘茶（5～6月）。

夏摘茶的優質茶葉帶有麝香葡萄等成熟水果的香氣，泡在杯中的茶湯呈現鮮豔的橘色。風味及香氣最為強烈，是大吉嶺的三次茗品季節中等級最高的。和鮮嫩綠茶般的春摘相比，夏摘具有大吉嶺應有的濃郁及口味深度。最高等的夏摘茶被稱為「紅茶中的香檳」，是在全世界最受歡迎的紅茶之一。

・autumnal 秋摘茶（10～11月）。

上等的秋摘茶有著薔薇般的香氣，茶湯為淡紅磚色。特徵是圓融的口味。

MILK TEA

奶茶

奶茶最一開始是英國貴族的飲料。現在已經改變了形式，從台灣、大陸一直到日本，世界各地都會喝奶茶。有萃取出茶湯之後添加牛奶的飲料、粉末茶及奶粉、豆漿、杏仁茶、奶粉等各種不同搭配方式，甚至發展為添加珍珠或者布丁等成為甜點。是取代咖啡牛奶的嶄新商品。

東方美人奶茶 ❄

材料

東方美人（茶葉）　4g
熱水　150g
奶粉　40g
冰　適量

製作方式

① 將茶葉裝進茶包袋中。
② 將步驟①的茶包及熱水放入攪拌器中攪拌。
③ 將奶粉放入步驟②的攪拌器中，攪拌到奶粉溶化。
④ 將冰塊、步驟③的奶茶放入杯中。

❄ 若要做成熱飲，就不用放冰塊。

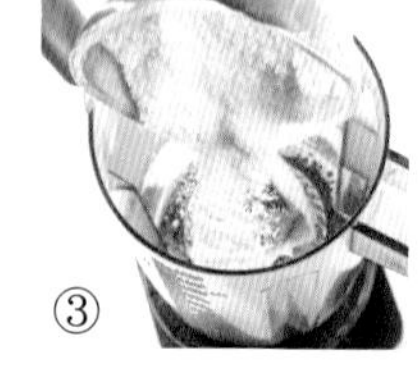
③

MILK TEA >>> 奶茶

烏瓦奶茶 ❄

材料

烏瓦（茶葉） 4g
熱水 60g
牛奶 100g
冰 適量

製作方式

① 將烏瓦茶葉、熱水放入容器當中悶3分鐘。
② 將冰塊、牛奶放入玻璃杯中，以濾茶器將步驟①的茶湯濾到杯中。
③ 輕輕攪拌。

＊ 若要做成熱飲，就在萃取出烏瓦茶湯之後，添加溫牛奶。

抹茶奶茶

材料

抹茶醬　30g
牛奶　150g
牛奶寒天　80g
冰　適量

※ 抹茶醬
材料
研磨抹茶　15g
熱水　105g

製作方式
①以濾茶器將抹茶過篩後放入75℃熱水攪拌，悶5分鐘。
②放在裝了冰水的大碗上，快速冷卻。
※最後再用手動攪拌器攪拌，就不容易結塊。

※ 牛奶寒天
材料
水　100g
寒天(粉)　2g
細砂糖　60g
牛奶　400g
香草精　2g

製作方式
① 將水及寒天(粉)放入鍋中攪拌後開火。沸騰之後轉為小火，邊攪拌邊煮2分鐘。
② 寒天融化以後添加細砂糖，溶化後關火。
③ 慢慢加入已恢復為常溫的牛奶及香草精，攪拌均勻。
④ 將步驟③的材料倒入用水打濕過的容器當中，冷卻凝固。

製作方式

① 將抹茶醬、冰塊、牛奶放到調酒器中，搖動使其快速冷卻。
② 依序將牛奶寒天、冰塊放入玻璃杯中，倒入步驟①的奶茶。

＊ 若要做成熱飲，就加熱牛奶後添加抹茶醬。

黑糖珍珠起司奶茶 ❄

材料

烏瓦奶茶（ICE）　150g
黑糖珍珠　80g
起司奶蓋　50g
黑糖　適量
冰　適量

製作方式

① 將黑糖珍珠、冰塊放入杯中，倒入烏瓦奶茶，放上起司奶蓋。
② 在起司奶蓋上灑黑糖。

＊ 若要做成熱飲，就在杯中放入珍珠後倒入熱奶茶，放上起司奶蓋後灑黑糖。

※烏瓦奶茶（ICE）請參考38頁。

※黑糖珍珠
材料
新鮮手工黑珍珠　300g
熱水　900g
黑糖　120g

製作方式
① 將珍珠3倍量的熱水放入珍珠鍋中打開開關，使其煮沸。
② 將常溫的珍珠放入步驟①的鍋中輕輕攪拌，蓋上蓋子打開開關。
③ 煮好之後將珍珠濾起，濾掉湯汁後放回鍋中，灑上黑糖攪拌。
※珍珠會膨脹為1.5倍大。
※黑糖用量為煮之前的珍珠0.4倍。

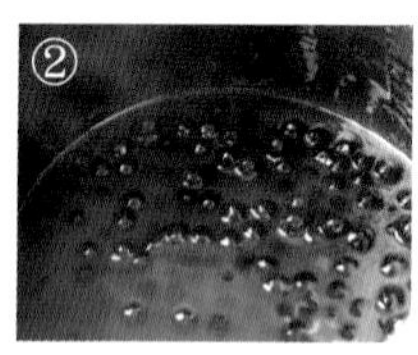

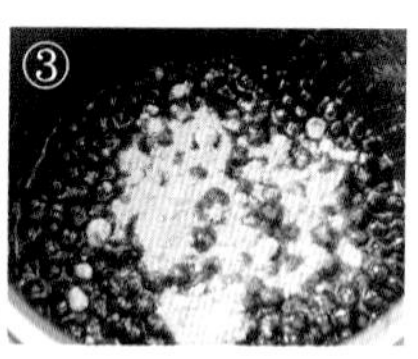

※起司奶蓋
材料
起司奶蓋粉　60g
奶粉　40g
水　150g

製作方式
① 將起司奶蓋粉、奶粉及水放入大碗中攪拌均勻。

焙茶奶茶 ❄

材料

焙茶（粉）　3g
熱水　40g
牛奶　160g
冰　適量

製作方式

① 將焙茶、沸騰的熱水放入調酒器中輕輕攪拌使其溶解。
② 將牛奶、冰塊放入步驟①的調酒器中，搖動使其快速冷卻。
③ 將冰塊放入玻璃杯中，倒入步驟②的奶茶。

❄若要做成熱飲，就將焙茶溶於熱水後，添加熱牛奶。

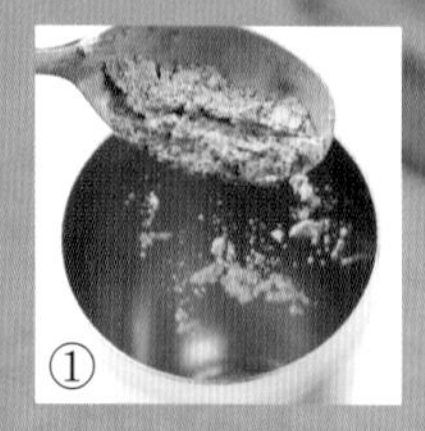
①

豆漿玄米奶茶❄

材料

玄米茶（ICE）　75g
豆漿　150g
冰　適量

製作方式

① 將冰塊放入玻璃杯中，倒入玄米茶、豆漿。

※玄米茶（ICE）
參考12頁

普洱杏仁奶茶

材料

普洱（茶葉）　3g
熱水　50g
杏仁奶　150g
水　適量

製作方式

① 將茶葉、熱水放入容器當中悶3分鐘。
② 將冰塊、杏仁奶倒入玻璃杯中，以濾茶器將步驟①的茶湯濾到杯中。
③ 輕輕攪拌。

✳若要做成熱飲就不放冰塊，以溫熱狀態提供。

蝶豆花奶茶

材料

蝶豆花（粉） 1g
椰子奶 170g
生薑糖漿 30g

製作方式

① 將蝶豆花粉、椰子奶、生薑糖漿都放入鍋中開火，加熱到接近沸騰。

② 將步驟①的材料以濾茶器濾進耐熱杯中。

※若要做成冷飲，就以熱水溶解20g蝶豆花粉，與其他材料拌在一起之後倒入裝了冰塊的玻璃杯中提供。

NITRO TEA　氮氣茶

NITRO就是指氮氣。這是使用專用機械將二氧化氮注入液體當中，使杯中液體的苦味及酸味變得較為和緩，外觀上看起來會有些像是啤酒那樣帶氣泡、口感滑順。這種風潮是從健力士啤酒開始的，之後也拓展到咖啡、茶等各式各樣的飲料。

氮氣伯爵茶

材料

黃金冷泡伯爵茶　適量

製作方式

① 將黃金冷泡伯爵茶放入專用容器中。
② 鎖緊蓋子。
③ 打開氣閥，將氣體栓頭固定至注入口。
④ 等到氣體聲音停下來以後就拿下栓頭，關上氣閥。
⑤ 上下搖動專用容器。
⑥ 將把手轉向手邊，將液體注入傾斜的杯中。

①

⑥

※處理氣閥時的注意事項
・氣閥周邊2m嚴禁火源
・禁止於屋外使用、禁止移動到店舖外

※黃金冷泡伯爵茶
材料
伯爵（茶葉）　10g
水　1100g

製作方式
① 將茶葉裝入茶包袋當中。
② 將步驟①的茶包及水裝入容器中，放在冰箱萃取半天。

氮氣奶茶

材料

烏瓦奶茶（ICE）　適量

製作方式

① 將烏瓦奶茶放入專用容器中。
② 鎖緊蓋子。
③ 打開氣閥，將氣體栓頭固定至注入口。
④ 等到氣體聲音停下來以後就拿下栓頭，關上氣閥。
⑤ 上下搖動專用容器。
⑥ 將把手轉向手邊，將液體注入傾斜的杯中。

※烏瓦奶茶（ICE）參考38頁。

FRUIT TEA
水果茶

將當季的水果放入茶飲當中，使茶飲能夠有所拓展，不易飲用的純茶、或者不愛純茶的人也能夠輕鬆享受這種飲料。搭配香氣與茶本身相似的水果、或者香氣十分對味的水果，都能夠打造出嶄新的飲品。在日本一年四季有各種不同的水果，因此一整年都可以享受此種風味飲品，魅力十足。將水果加入綠茶等，也能夠使茶飲色彩鮮豔。華美的外觀能讓人賞心悅目享用飲品。

可爾必思
芒果茉莉花茶❄

材料

茉莉花茶（ICE）　160g
芒果（冷凍）　100g
可爾必思　40g
冰　適量

製作方式

① 將冰塊及芒果交錯放入杯中。
② 倒入可爾必思、茉莉花茶，稍微攪拌一下。

※茉莉花茶（ICE）參考16頁。

百香果柑橘茶 ❄

材料

東方美人（ICE）　120g
百香果醬　30g
冰　適量
百香果　1個量

製作方式

① 將冰塊放入玻璃杯中，倒入百香果醬、東方美人。
② 最後再放上百香果籽作為裝飾。

※百香果醬
材料
Boiron冷凍果泥　百香果　200g
細砂糖　150g
檸檬汁　20g

製作方式
① 將果泥、細砂糖、半量檸檬汁放入鍋中，開火使細砂糖融化。
② 將鍋子放在裝了冰水的大碗中，以橡膠刮刀攪拌，使其快速冷卻，將剩餘的檸檬汁也放入攪拌。

※檸檬汁
將檸檬洗乾淨後切為可以塞入機器的大小，以專業攪拌機榨汁。

※東方美人（ICE）參考10頁。

杏仁椰奶焙茶牛奶加紅豆 ❄

材料

焙茶奶茶（ICE） 100g
杏仁豆腐 60g
甜紅豆 30g
椰子奶 50g
冰 適量

製作方式

① 將杏仁豆腐與紅豆放入玻璃杯中，稍微攪拌混合。
② 將冰塊、焙茶奶茶、椰子奶倒入步驟①的玻璃杯中，輕輕攪拌。
❄ 如果要做成熱飲，就將杏仁豆腐、紅豆及冰塊以外的材料加熱，最後再加紅豆。

※ 杏仁豆腐
材料
水 25g
明膠（粉） 5g
杏仁霜 40g
細砂糖 40g
牛奶（常溫） 400g
鮮奶油（常溫） 100g

製作方式
① 將明膠用水泡開之後靜置20分鐘。
② 將杏仁霜、細砂糖、牛奶放入鍋中，仔細攪拌溶解。完全溶解之後開中火，一邊加熱一邊攪拌。
③ 鍋邊開始冒泡泡的時候就關火，放入明膠並攪拌均勻。
④ 放在裝了冰水的大碗上，以刮刀攪拌使其快速冷卻。
⑤ 等到步驟④的材料轉為與鮮奶油濃稠度相同之後，就放入鮮奶油攪拌混合。
⑥ 將步驟⑤的材料倒入容器當中，待溫度回到常溫之後就放進冰箱冷藏凝固。

※焙茶奶茶（ICE） 參考42頁。

鳳梨檸檬綠茶

❄

材料

煎茶（ICE） 100g
鳳梨（剁大塊） 1/2個量
檸檬（切片） 3片
碎冰 適量

製作方式

① 將檸檬切成扇形片狀。
② 將碎冰、鳳梨、檸檬片交互放入玻璃杯中。
③ 將煎茶倒入步驟②的杯中。

※煎茶（ICE） 參考14頁。

無花果萊姆茶

材料

大吉嶺（ICE） 100g
無花果醬 20g
萊姆果汁 10g
中澤乳業 殺菌冷凍蛋白 15g
冰 適量

製作方式

① 將大吉嶺、無花果醬、萊姆果汁、殺菌冷凍蛋白、冰塊放入調酒器中，搖動使其快速冷卻。

※無花果醬
材料
Boiron冷凍果泥 無花果 200g
細砂糖 100g
萊姆果汁 10g

製作方式
① 將無花果泥、細砂糖、半量萊姆果汁放入鍋中開火，融化細砂糖。
② 將鍋子放在裝了冰水的大碗上，以刮刀攪拌使其快速冷卻，加入剩餘的萊姆果汁攪拌均勻。

※萊姆果汁
① 將萊姆洗乾淨後切為可以塞入機器的大小，以HUROM HW專業攪拌機榨汁。

※大吉嶺（ICE）參考8頁。

可爾必思梅子綠茶 ❄

材料

煎茶（ICE）　140g
可爾必思　20g
梅子糖漿　30g
糖漬青梅　1顆
冰　適量

製作方式

① 將煎茶倒入裝了冰塊的玻璃杯中，加入可爾必思、梅子糖漿後輕輕攪拌，最後放上糖漬青梅作為裝飾。

❋ 若要做成熱飲，就使用熱的煎茶並添加可爾必思、梅子糖漿後裝飾青梅。

※梅子糖漿
材料
青梅（冷凍）　1000g
冰糖　1000g

製作方式
① 使用竹籤將梅子的黑色蒂頭一個個挑掉，裝在大碗裡面快速沖洗，以乾淨的布料將濕氣擦乾。
② 將瓶子洗乾淨之後，以熱水殺菌徹底風乾。
③ 將步驟①中處理好的梅子與冰糖交互一層層放進保存瓶中。
④ 將瓶子放置在陰暗處，每天將保存瓶倒過來2～3次使內容物混合。大概10天左右就完成了。

蜜柑祁門紅茶 ❄

材料

祁門（ICE） 150g
蜜柑（冷凍） 1個量
蜂蜜 10g
冰 適量

製作方式

① 將蜜柑的皮剝掉後、內皮也撕掉。
② 將祁門紅茶、蜂蜜倒入容器中，仔細攪拌均勻使蜂蜜融化。
③ 將步驟①的材料放入杯中，倒入步驟②的茶湯。

※祁門（ICE）參考11頁。

柳橙蜜桃茶 ❄

材料

白桃烏龍茶（ICE）　70g
柳橙汁　80g
Monin　白桃糖漿　10g
柳橙（三角片狀）　1/8個量
冰　適量

※白桃烏龍茶（ICE）的沖泡方式與第10頁的東方美人茶相同。

※柳橙汁
剝去柳橙皮之後切為投入口大小，以HUROM HW專業攪拌機榨汁。

製作方式

① 將白桃烏龍茶、冰、柳橙汁、白桃糖漿放入玻璃杯中攪拌。
② 以柳橙片裝飾。

八朔橘果凍茶 ❄

材料

大吉嶺（ICE） 200g
八朔橘醬 50g
八朔橘果凍 100g
冰 適量

製作方式

① 將大吉嶺、八朔橘醬倒入容器當中，攪拌均勻。
② 將八朔橘果凍及冰塊放入杯中，倒入步驟①的茶湯。

※八朔橘果凍
材料
海藻膠 6g
細砂糖 60g
水 200g
八朔橘果汁 200g
檸檬汁 10g

製作方式
①將海藻膠、細砂糖攪拌在一起。
②將步驟①的材料及水放入鍋中，確實沸騰以溶解海藻膠。
③關火後加入八朔橘果汁及檸檬汁。
④將鍋子放在裝了冰水的大碗上，以刮刀攪拌使其快速冷卻。
⑤等到產生黏稠度，就倒入容器當中，溫度下降到常溫之後就放入冰箱冷藏凝固。

※八朔橘醬
材料
八朔橘果汁 200g
細砂糖 100g
檸檬汁 20g

製作方式
① 將八朔橘果汁、細砂糖、半量檸檬汁放入鍋中並開火，融化細砂糖。
② 將鍋子放在裝了冰水的大碗上，以刮刀攪拌使其快速冷卻，加入剩餘的檸檬汁攪拌。

※八朔橘果汁
與56頁的柳橙汁相同。

※檸檬汁 參考50頁。

※大吉嶺（ICE） 參考8頁。

柿子檸檬烏龍茶

材料

蜜香紅烏龍茶（ICE）　150g
柿子糖漿　35g
檸檬糖漿　35g
檸檬（切片）　2片
冰　適量

※柿子糖漿
材料
柿子　100g
細砂糖　50g
檸檬汁　10g

製作方式
① 剝掉柿子皮並去掉種子，以HUROM HW專業攪拌機榨汁。
② 將步驟①處理完的柿子以及細砂糖、半量檸檬汁放入鍋中並開火，融化細砂糖。
③ 將步驟②的鍋子放在裝了冰水的大碗上，以刮刀攪拌使其快速冷卻，加入剩餘的檸檬汁攪拌。

※檸檬糖漿
材料
檸檬汁　100g
細砂糖　100g

製作方式
① 將檸檬汁、細砂糖放入鍋中並開火，融化細砂糖。
② 將鍋子放在裝了冰水的大碗上，以刮刀攪拌使其快速冷卻。

※檸檬汁 參考50頁。

※蜜香紅烏龍茶（CIE）的沖泡方式參考10頁的東方美人。但是要使用95℃熱水萃取茶湯。

製作方式

① 將蜜香紅烏龍茶、柿子糖漿、檸檬糖漿放入容器中攪拌均勻。
② 將冰塊及檸檬交互放入玻璃杯中，倒入步驟①的茶湯。

奇異果金柑綠茶

材料

煎茶（ICE） 50g
奇異果 1顆
金柑（冷凍） 2顆
乾燥金柑（切片） 1個量
冰 適量

製作方式

① 將去皮的奇異果、冷凍金柑放入調酒器中以搗棒壓碎。
② 將煎茶倒入步驟①的調酒器中，搖動使其快速冷卻後倒入玻璃杯中。
③ 以乾燥金柑作為點綴。

※煎茶（ICE）參考14頁。

石榴凍頂 ❄

材料

凍頂烏龍茶（ICE） 120g
石榴糖漿 30g
石榴（冷凍） 20g
迷迭香 1枝
碎冰 適量

製作方式

① 將凍頂烏龍茶、碎冰、石榴糖漿放入玻璃杯中輕輕攪拌。
② 將石榴堆在杯口後以迷迭香做裝飾。

※石榴糖漿
材料
石榴 100g
細砂糖 100g
檸檬汁 10g

製作方式
① 剝去石榴外皮後取出種子，以HUROM HW專業攪拌機榨汁。
② 將步驟①的材料、細砂糖、半量檸檬汁放入鍋中並開火，融化細砂糖。
③ 將鍋子放在裝了冰水的大碗上，以刮刀攪拌使其快速冷卻，加入剩餘的檸檬汁攪拌。

※檸檬汁 參考50頁。

※凍頂烏龍茶（ICE）的沖泡方式參考10頁的東方美人。但是要使用95℃熱水萃取茶湯。

西瓜薑汁伯爵茶 ❄

材料

伯爵茶（ICE） 150g
西瓜（冷凍） 140g
Monin 西瓜糖漿 20g
薑汁糖漿 20g
Monin 斯慕昔粉 30g
生薑糖漿醃漬的生薑（切片） 100g
冰 100g

※生薑糖漿
材料
生薑 400g
蔗糖 300g
辣椒 2條
水 600g

製作方式
① 生薑要連皮使用，因此清洗乾淨後將濕氣擦乾，切成2mm片狀。
② 將生薑放入鍋中並灑上蔗糖，靜置30分鐘以上待其出水。
③ 將辣椒及水放入步驟②的鍋中後開中火，沸騰以後轉小火，煮20分鐘並隨時去除雜質。
④ 關火冷卻後裝入瓶中保存。

※伯爵茶（ICE）的沖泡方式與9頁的大吉嶺相同。

製作方式

① 將所有材料放入Vitamix A2500i後以低速攪拌。
② 大冰塊打碎後就高速旋轉，打到滑順。
③ 倒入玻璃杯中。
④ 以糖漿醃漬過的生薑片裝飾。

八角洋梨茶

材料

東方美人（茶葉）　3g
八角　1個
熱水　130g
Monin　洋梨糖漿　20g

製作方式

① 將東方美人、八角放入茶器當中，倒入85℃熱水萃取1分鐘。
② 將步驟①的茶湯注入杯中並添加洋梨糖漿，輕輕攪拌。

火龍果優格白桃茶 ❄

材料

白桃烏龍茶（ICE） 150g
紅色火龍果（冷凍） 50g
Monin 白桃糖漿 50g
中澤乳業 飲用款優格 75g
優格奶蓋 50g

製作方式

① 將優格奶蓋以外的材料放入Vitamix A2500i裡以中速攪拌。
② 將冰塊、步驟①的材料倒入玻璃杯中，放上優格奶蓋。

※優格奶蓋
中澤乳業
Yaourt Chantilly 100g
細砂糖 10g

製作方式
① 將Yaourt Chantilly、細砂糖放入大碗當中，以攪拌器攪拌。

※白桃烏龍茶（ICE）的沖泡方式與10頁東方美人相同。

日本梨與洋梨的
蜜餞果泥茶 ❄

材料

茉莉花茶（ICE） 90g
洋梨果泥 80g
日本梨蜜餞 4顆（30g）
洋梨蜜餞 4顆（30g）
檸檬奶泡蓋 20g
冰 適量

製作方式

① 將洋梨果泥放入玻璃杯中。
② 把冰塊、日本梨蜜餞及洋梨蜜餞交互放入步驟①的玻璃杯中。
③ 將茉莉花茶倒入步驟②的杯中，放上檸檬奶泡蓋。

※洋梨果泥
材料
海藻膠 15g
細砂糖 100g
水 600g
Boiron冷凍果泥洋梨 250g
檸檬汁 10g
Monin 洋梨糖漿 40g

製作方式
① 將海藻膠、細砂糖攪拌在一起。
② 將步驟①的材料與水放入鍋中，確實沸騰使海藻膠融化。
③ 關火後放入洋梨果泥、檸檬汁、洋梨糖漿。
④ 將鍋子放在裝了冰水的大碗上，以刮刀攪拌使其快速冷卻。
⑤ 等到產生濃稠度以後就倒入容器當中，溫度降到常溫就放進冰箱中冷卻凝固。

※日本梨、洋梨蜜餞
材料
日本梨以及洋梨 適量
白酒 200g
細砂糖 200g
水 400g
檸檬汁 100g

製作方式
① 將梨子削皮切成圓形。
② 將砂糖、白酒、水放入鍋中開大火。煮沸後加入梨子煮5分鐘左右再轉為中火，一邊撈起雜質煮15分鐘左右再關火。稍微放涼之後就添加檸檬汁。
③ 裝進容器當中，在冰箱裡確實冷卻。

※檸檬奶泡蓋
材料
水 200g
檸檬汁 100g
細砂糖 40g
奶泡用奶蓋 20g

製作方式
① 將材料放入奶泡機。
② 關上蓋子。
③ 打開氣閥開關，將充氣頭接好後灌氣。
④ 等到氣體聲音停止就拿下接頭，關好氣閥。
⑤ 上下搖動起泡機（20～30cm）。
⑥ 將開關轉為垂直，緩緩握住握把抽出。
※處理氣閥時的注意事項
・氣閥周邊2m嚴禁火源
・禁止於屋外使用、禁止移動到店舖外

※檸檬汁 參考50頁。

※茉莉花茶（ICE） 參考16頁。

凍頂鳳梨雞尾飲 ❄

材料　(total容量：450g)

凍頂烏龍茶（ICE）　140g
椰果　60g
中澤乳業　殺菌冷凍蛋白　30g
鳳梨醬　30g
檸檬汁　5g
冰　適量

製作方式

① 將椰果、冰塊依序放入玻璃杯中。
② 將凍頂烏龍茶、殺菌冷凍蛋白、鳳梨醬、檸檬汁、冰塊放入調酒器中，搖動使其快速冷卻，倒入玻璃杯中。

※凍頂烏龍茶（ICE）的沖泡方式參考10頁的東方美人。但是使用95℃的熱水萃取茶湯。

※鳳梨醬
材料
鳳梨果汁　200g
細砂糖　100g
檸檬汁　5g

製作方式
① 將鳳梨果汁、細砂糖放入鍋中並開火，融化細砂糖。
② 將鍋子放在裝了冰水的大碗上，以刮刀攪拌使其快速冷卻，加入檸檬汁攪拌。

※鳳梨果汁　參考56頁柳橙汁。

※檸檬汁　參考50頁。

葡萄茉莉優格奶蓋 ❄

材料

茉莉花茶（ICE）　180g
紅葡萄　3顆（30g）
白葡萄　3顆（30g）
蘆薈　60g
優格奶蓋　40g
冰　適量

製作方式

① 將葡萄對切，蘆薈則切為0.5cm左右。
② 將蘆薈放入玻璃杯中，對半切開的葡萄與冰塊也交互放入。
③ 倒入茉莉花茶，放上優格奶蓋。
✺ 若要做成熱飲，就將蘆薈及葡萄放入熱的茉莉花茶中，最後放上優格奶蓋。

※茉莉花茶（ICE）
參考16頁。

※優格奶蓋　參考63頁。

蜂蜜覆盆子
正山小種 ❄

材料

正山小種（茶葉） 3g
熱水 80g
蜂蜜 10g
覆盆子醬 20g
冰 適量

製作方式

① 將正山小種、熱水放入容器當中，蓋上蓋子悶1分鐘。
② 將步驟①以濾茶器濾到調酒器當中。放入蜂蜜後輕輕攪拌，使蜂蜜溶解。
③ 將覆盆子醬、冰塊放入②，搖動使其快速冷卻後倒入玻璃杯中。
✳ 若要做成熱飲，就將蜂蜜與覆盆子醬加入步驟①的茶湯當中。

※覆盆子醬
材料
Boiron冷凍果泥 覆盆子 150g
細砂糖 100g
檸檬汁 10g

製作方式
① 將覆盆子果泥、細砂糖、半量檸檬汁放入鍋中並開火，融化細砂糖。
② 將鍋子放在裝了冰水的大碗上，以刮刀攪拌使其快速冷卻，加入剩餘的檸檬汁攪拌。

※檸檬汁 參考50頁。

白桃與奶凍鐵觀音 ❄

材料

鐵觀音茶（ICE） 140g
奶凍 80g
Monin 白桃糖漿 30g
冰 適量

製作方式

① 將奶凍、白桃糖漿、冰塊依序放入杯中，倒入鐵觀音茶。

※奶凍
材料
水 25g
明膠（粉） 5g
細砂糖 60g
42%鮮奶油 100g
杏仁奶 340g

製作方式
① 以水將明膠泡開後靜置20分鐘。
② 將杏仁奶、細砂糖放入鍋中攪拌均勻使其融化。完全融化之後以中火邊攪拌邊加熱。
③ 等到鍋緣開始出現泡泡就關火，加入明膠攪拌均勻。
④ 將鍋子放在裝了冰水的大碗上，以刮刀攪拌使其快速冷卻。
⑤ 等到濃稠度與鮮奶油差不多，就加入鮮奶油攪拌均勻。
⑥ 倒入容器當中，溫度降到室溫時就放到冰箱冷藏凝固。

※鐵觀音茶（ICE）的沖泡方式參考10頁東方美人。但是要使用95℃熱水來萃取茶湯。

玫瑰鹽荔枝茉莉花茶 ❄

材料

茉莉花茶（ICE）　70g
檸檬片　1片
玫瑰鹽（粉狀）　適量
荔枝醬　30g
葡萄柚汁　70g
冰　適量

製作方式

① 以檸檬打濕玻璃杯邊緣，灑上玫瑰鹽後裝入冰塊。
② 將荔枝醬、葡萄柚汁、茉莉花茶裝進調酒器中，放入冰塊搖動使其快速冷卻，倒入玻璃杯中。

※荔枝醬
Boiron冷凍果泥　荔枝　200g
細砂糖　100g
檸檬汁　10g

製作方式
① 將荔枝果泥、細砂糖、半量檸檬汁放入鍋中並開火，融化細砂糖。
② 放在裝了冰水的大碗上，以刮刀攪拌使其快速冷卻，放入剩餘的檸檬汁攪拌。

※檸檬汁　參考50頁。

※茉莉花茶（ICE）參考16頁。

蜂蜜蘋果東方美人＆鐵觀音

材料

東方美人（茶葉）　2g
鐵觀音（茶葉）　2g
熱水　200g
蜂蜜　10g
蘋果醬　20g

製作方式

① 將東方美人、鐵觀音及85℃熱水放入容器當中，蓋上蓋子悶1分鐘。
② 將步驟①的茶湯以濾茶器濾到耐熱玻璃杯中。放入蜂蜜後輕輕攪拌使蜂蜜溶解，再加入蘋果醬並輕輕攪拌。

※若要做成冷飲，就在步驟②時倒入裝了冰塊的玻璃杯中。

※蘋果醬
蘋果　300g
細砂糖　150g
檸檬汁 30g

製作方式
① 清洗蘋果並去掉種子，切成能夠放入機器的大小。使用HUROM HW專業攪拌器，放入蘋果及半量檸檬汁榨汁。
② 將步驟①的材料及細砂糖放入鍋中，開火使細砂糖融化。
③將鍋子放在裝了冰水的大碗上，以刮刀攪拌使其快速冷卻，加入剩餘的檸檬汁攪拌。

※檸檬汁　參考50頁。

FRUIT & HERBAL TEA

水果香草茶

香草的歷史悠久，從古希臘時代就將其作為藥物或精油使用，由於香草兼具藥效以及美味，因此能夠向外推展，也成為取代茶葉的用品。不管是將香草乾燥使用或者使用新鮮香草，香氣都非常棒，也具有香氛放鬆效果。調配多種香草及花瓣、搭配水果能讓飲料更好入口，香氣和口味也會有所變化。無咖啡因飲料也能有更多變化，讓人在不同場合中都能飲用。

西瓜薄荷綠茶 ❄

材料

煎茶（ICE） 100g
Monin 西瓜糖漿 25g
薄荷 2枝
冰 適量

製作方式

① 將冰塊、西瓜糖漿及煎茶倒入玻璃杯中，輕輕混合。擺上薄荷作為裝飾。

※煎茶（ICE） 參考14頁。

草莓迷迭香茉莉花茶

材料

茉莉花茶（ICE） 100g
草莓醬 25g
迷迭香 2～3枝
冰 適量

製作方式

①將冰塊、草莓醬、茉莉花茶倒入玻璃杯中，輕輕攪拌混合。擺上迷迭香作為裝飾。

※草莓醬
材料
Boiron冷凍果泥
草莓 200g
細砂糖 100g
檸檬汁 10g

製作方式
①將草莓果泥、細砂糖、半量檸檬汁放入鍋中並開火，融化細砂糖。
②將步驟①的鍋子放在裝了冰水的大碗上，以刮刀攪拌使其快速冷卻，加入剩餘的檸檬汁攪拌。

※檸檬汁 參考50頁。

※茉莉花茶（ICE）參考16頁。

洋甘菊柳橙茶 ❄

材料

洋甘菊（ICE）　70g
柳橙汁　70g
中澤乳業　殺菌冷凍蛋白　30g
柳橙片　1片
洋甘菊（茶葉）　適量
冰　適量

製作方式

① 將洋甘菊（ICE）、柳橙汁、Vienne、冰塊放入調酒器中，搖動使其快速冷卻，倒入玻璃杯中。
② 使用切為一半的柳橙片、磨碎的洋甘菊茶葉作為裝飾。

※洋甘菊（ICE）參考15頁。

※柳橙汁　參考56頁。

蜂蜜檸檬百里香茶 ❄

材料

檸檬糖漿　50g
蜂蜜　10g
水　150g
百里香　6枝
檸檬奶泡蓋　20g
冰　適量

製作方式

① 將檸檬糖漿、蜂蜜、水裝入容器當中，攪拌均勻使蜂蜜溶解。
② 將冰塊與百里香交互放入玻璃杯中。
③ 將步驟①的材料倒入步驟②的杯中，放上檸檬奶泡蓋。

※檸檬糖漿　參考58頁。

※檸檬奶泡蓋　參考64頁。

草莓木槿＆薔薇果茶

材料

木槿＆薔薇果茶（ICE）　100g
山真產業 木槿方塊形果凍　80g
草莓醬　30g
冰　適量

製作方式

① 將木槿方塊形果凍、冰、木槿＆薔薇果茶、草莓醬放入玻璃杯中輕輕攪拌。

※木槿＆薔薇果茶的沖泡方式與15頁的洋甘菊相同。

※草莓醬　參考73頁。

FRUIT IN TEA 果粒茶

珍珠奶茶以及水果茶通常會添加能夠用吸管吸食的材料。之後由於開始有附叉子或湯匙的ＴＯＧＯ杯蓋，因此就開始有人添加較大塊的水果，如此便能夠鮮明展現出結合「飲用」與「食用」的飲品。這就是嶄新飲品「HYBRID」的誕生。

西瓜綠茶 ❄

材料

煎茶（ICE） 200g
西瓜果凍 100g
Monin 西瓜糖漿 15g
西瓜（棍狀） 3支
牛奶奶蓋 40g
玫瑰鹽（粉狀） 1撮
冰 適量

※煎茶（ICE） 參考14頁。

製作方式

① 將西瓜果凍、西瓜糖漿、冰、煎茶依序放入杯中，以西瓜裝飾。
② 將奶蓋放在步驟①的背上，灑上玫瑰鹽。

※西瓜果凍

材料
海藻膠 10g
細砂糖 20g
水 250g
西瓜汁 200g
Monin 西瓜糖漿 70g
檸檬糖漿 30g
細砂糖 20g

製作方式
① 將海藻膠、細砂糖攪拌在一起。
② 將步驟①的材料與水放入鍋中，確實沸騰融化海藻膠。
③ 關火之後添加西瓜汁、西瓜糖漿、檸檬糖漿。
④ 將鍋子放在裝了冰水的大碗上，以刮刀攪拌使其快速冷卻。
⑤ 等到出現濃稠度以後就倒入容器當中，溫度下降至室溫以後就放入冰箱冷卻凝固。

※西瓜汁 削去西瓜皮以後去掉種子，切為投入口大小，使用HUROM HW專業攪拌機榨汁。

※檸檬糖漿 參考58頁。

※牛奶奶蓋

材料
牛奶奶蓋粉 60g
奶粉 40g
牛奶 200g

製作方式
①將牛奶奶蓋粉、奶粉及牛奶放入大碗中混合。

HYBRID

芒果&茉莉檸檬茶 ❄

材料

茉莉花茶（ICE） 150g
檸檬片 3片
檸檬糖漿 50g
芒果（切塊） 80g
冰 適量

製作方式

① 將冰塊、檸檬片交互放入杯中，倒入檸檬糖漿、茉莉花茶之後以芒果塊裝飾。

※檸檬糖漿 參考58頁。

※茉莉花茶（ICE）
參考16頁。

HYBRID

鳳梨＆柳橙凍頂烏龍茶 ❄

材料

凍頂烏龍茶（ICE） 200g
鳳梨（半月片） 80g
柳橙片 4片
冰 適量

製作方式

① 將冰塊、鳳梨、柳橙交互放入啤酒杯中，倒入凍頂烏龍茶。

※凍頂烏龍茶（ICE）的沖泡方式參考10頁的東方美人茶。但是要使用95℃熱水來萃取茶湯。

HYBRID

茶薄荷桑格麗亞

材料

茉莉花茶（ICE）　150g
奇異果　1顆
哈密瓜　1/16個量
萊姆片　3片
麝香葡萄　10顆
楊桃片　5片
冰　適量
薄荷　適量

製作方式

① 奇異果及哈密瓜都削皮之後切為一口大小。
② 將萊姆、麝香葡萄都對切。
③ 將冰塊、水果交互放入玻璃杯中，倒入茉莉花茶。
④ 以薄荷裝飾。

※茉莉花茶（ICE）參考16頁。

HYBRID

柑橘茉莉花茶

材料

茉莉花茶（ICE）　350g
乾燥萊姆　3片
乾燥柳橙　4片
乾燥血橙　3片
乾燥金柑　8片

製作方式

① 將乾燥水果放入杯中，倒入茉莉花茶。
＊若要做成熱飲，就將乾燥水果放入熱茉莉花茶中。

※茉莉花茶（ICE）參考16頁。

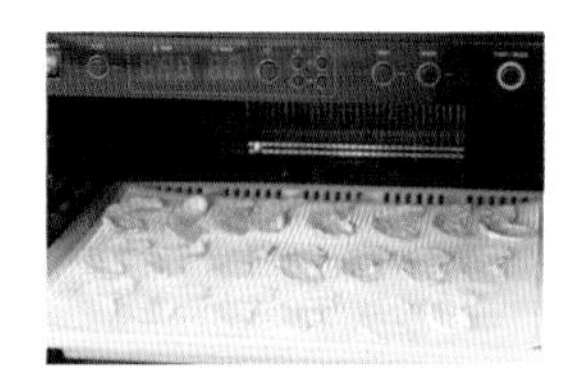
將水果切為1～5mm厚，排在食物乾燥機的托盤上不要重疊，以40℃溫風吹半天以上，便能將水果做成水果乾。

洋梨&萊姆&薄荷伯爵茶 ❄

材料

伯爵茶（ICE）　200g
乾燥洋梨　6片
乾燥萊姆　4片
薄荷　2撮
冰　適量

製作方式

① 將乾燥水果、薄荷、冰塊交互放入容器當中，倒入伯爵茶。

✳ 若要做成熱飲，就將乾燥水果及薄荷放入熱伯爵茶中。

※伯爵茶（ICE）的沖泡方式與9頁大吉嶺相同。

TEA SYRUP DRINK　茶味糖漿飲

茶味糖漿可以添加牛奶、果汁、碳酸來製作飲料，或者淋在水果上食用，有各式各種應用方式。糖漿的保存時間較長。另外，口味濃度也很容易調整，因此非常方便。如此能夠拓展飲料的幅度。

優格伯爵茶 ❄

材料

伯爵糖漿　30g
檸檬糖漿　10g
中澤乳業　飲用款優格　120g

製作方式

① 將伯爵糖漿、檸檬糖漿放入玻璃杯中輕輕攪拌，放入冰塊、優格。

※伯爵糖漿
材料
伯爵（茶葉）　15g
水　300g
細砂糖　100g

製作方式
① 將茶葉、水放入鍋中開大火煮。沸騰之後轉小火熬煮3分鐘。
※過濾後的液體量若剩下不到2/3，就加水補足。
② 以濾茶器過濾步驟①的茶湯，加入細砂糖溶化。

※檸檬糖漿　參考58頁。

哈密瓜茉莉冰淇淋汽水 ❄

材料

茉莉糖漿　30g
哈密瓜糖漿　30g
檸檬汁　5g
Monin　藍庫拉索糖漿　5g
強碳酸水　100g
香草冰淇淋　1勺
櫻桃　1顆
冰　適量

※茉莉糖漿
材料
茉莉花茶（茶葉）　15g
水　300g
細砂糖　100g

製作方式
① 將茶葉、水放入鍋中開大火。沸騰後轉小火煮3分鐘。
※過濾後的液體若低於2/3量，就加水補足。
② 將步驟①的茶湯以濾茶器過濾後，加入細砂糖溶解。

※哈密瓜糖漿
材料
哈密瓜果汁　200g
細砂糖　100g
檸檬汁　10g

製作方式
① 將哈密瓜果汁、細砂糖、半量檸檬汁放入鍋中並開火，融化細砂糖。
② 將鍋子放在裝了冰水的大碗上，以刮刀攪拌使其快速冷卻，加入剩餘的檸檬汁攪拌。

※哈密瓜果汁　參考78頁西瓜汁的作法。

※檸檬汁　參考50頁。

製作方式

① 將冰塊、茉莉糖漿、哈密瓜糖漿、檸檬汁、藍庫拉索糖漿、強碳酸水裝入杯中輕輕攪拌。
② 放上香草冰淇淋、以櫻桃作為裝飾。

氣泡蜂蜜檸檬綠茶 ❄

材料

綠茶糖漿　30g
檸檬汁　5g
蜂蜜　5g
強碳酸水　120g
冰　適量

製作方式

① 將綠茶糖漿、檸檬汁、蜂蜜裝入玻璃杯中，攪拌到蜂蜜溶化。
③ 將冰塊、強碳酸水倒入步驟①的玻璃杯中輕輕攪拌。

※綠茶糖漿
材料
煎茶（茶葉）　15g
水　300g
細砂糖　100g

製作方式
① 將茶葉、水放入鍋中，開大火熬煮。沸騰之後轉小火煮3分鐘。
※過濾後的液體若量若剩下不到2/3，就加水補足。
② 將步驟①的茶湯以濾茶器過濾後，加入細砂糖溶解。

※檸檬汁　參考50頁。

APPLE CIDER　蘋果汽水

蘋果汽水是指美國以及加拿大會飲用的一種無酒精飲料，原料為蘋果且不過濾。通常會在蘋果的季節製作，冷凍之後飲用，冬天則是加入辛香料的熱飲。和茶也非常對味，天氣寒冷時是能夠溫暖身體的美味飲品。

蘋果汽水小荳蔻茶

材料

東方美人　100g
小荳蔻　2顆
蘋果汽水　100g
檸檬片　1片

製作方式

① 在小荳蔻上打洞使其容易萃取。
② 將東方美人、蘋果汽水、小荳蔻放入鍋中，加熱到沸騰。
③ 倒入耐熱杯中，以檸檬片裝飾。

＊ 若要做成冷飲，就將檸檬以外的材料攪拌在一起之後，倒入裝了冰塊的玻璃杯中，再以檸檬片裝飾。

※蘋果汽水
材料
丁香　10顆
肉桂棒　10cm左右
杜松子　5顆
肉豆蔻　少量
蘋果汁　1000g
橘皮　1個量
三溫糖　50g

製作方式
① 將香料都放入鍋中，乾煎爆香。
② 加入橘皮以及蘋果汁，以小火熬煮30～40分鐘。
③ 添加三溫糖。

※蘋果汁
① 將蘋果洗乾淨後去掉種子，切為投入口大小，以HUROM HW專業攪拌機榨汁。

※東方美人
參考10頁。

蘋果汽水
芒果薑汁茶

材料

東方美人（ICE）　100g
蘋果汽水　100g
Monin　芒果糖漿　20g
生薑汁　5g
薑片　適量
冰　適量

製作方式

① 將生薑片以外的材料全部攪拌在一起。
② 以薑片裝飾步驟①的杯子。

※生薑汁
① 磨碎生薑後放入紗布或茶包袋中用手擰汁。

※東方美人（ICE）參考10頁。

SHAVED ICE & TEA
雪花冰茶飲

雪花冰是一種台灣起源的「輕飄飄刨冰」。將果汁做得甜一些使其帶有黏度，冰凍之後再使用刨冰機來刨，就能做出輕飄飄軟綿綿的刨冰。將雪花冰放在茶上做成的飲品，能夠喝茶也能夠享用刨冰。也可以攪拌在一起變成水果茶。這是能夠有三種享用方式的綜合飲品。

芒果雪花冰＆茉莉花茶

材料

茉莉花茶（ICE） 180g
芒果雪花冰 適量
芒果（切塊） 40g
碎冰 適量

製作方式

① 將碎冰、茉莉花茶倒入玻璃杯中。
② 以刨冰機將芒果雪花冰刨在步驟①的玻璃杯上。
③ 最後以芒果塊裝飾。

②

※茉莉花茶（ICE）參考16頁。

※芒果雪花冰

材料
芒果（冷凍） 200g
水 200g
Monin 芒果糖漿 20g

製作方式
① 將芒果、水、芒果糖漿以Vitamix A2500i攪拌之後，裝入容器放進冰箱裡冷凍凝固。

HYBRID

SHAVED ICE & TEA >>> 雪花冰茶飲

蘋果雪花冰&
綠茶 ❄

材料

煎茶（ICE） 40g
白桃醬 20g
蘋果雪花冰 適量
碎冰 適量
※煎茶（ICE）參考14頁。

製作方式

① 將白桃醬、碎冰、煎茶依序倒入玻璃杯中。
② 以刨冰機將蘋果雪花冰刨在步驟①的玻璃杯上。

※白桃醬

材料

Boiron冷凍果泥
蘋果 200g
細砂糖 100g
檸檬汁 10g

製作方式

① 將蘋果果泥、細砂糖、半量檸檬汁放入鍋中，開火融化細砂糖。
② 將鍋子放在裝了冰水的大碗上，以刮刀攪拌使其快速冷卻，加入剩餘的檸檬汁攪拌。

※蘋果雪花冰

材料

蘋果果汁 400g
檸檬汁 5g
細砂糖 80g

製作方式

① 將檸檬汁、細砂糖加入蘋果果汁中攪拌溶化。
② 裝進容器中，放入冰箱冷凍凝固。

※蘋果汁 參考88頁。

※檸檬汁 參考50頁。

HYBRID

SHAVED ICE & TEA >>> 雪花冰茶飲

SAKURA TEA 櫻花茶

日本文化當中相當熟稔的植物「櫻花」，是只要季節來臨，世界各國都會有人前往日本賞花的季節風物。因此，櫻花茶通常是2月後半到4月前半這段期間才能夠喝到的特別飲品。櫻花與茶也非常對味，巧妙使用櫻花的粉紅色與香氣，能夠打造出魅力十足的飲品。

櫻花綠茶 ❄

HYBRID

材料

煎茶（ICE） 150g
草莓（切塊） 4顆
山真產業 櫻花鮮奶油 適量
草莓（白） 1顆
抹茶 適量
碎冰 適量

製作方式

① 將冰塊及切塊草莓交互放入玻璃杯中，倒入煎茶後放上櫻花鮮奶油。
② 使用對半切開的白色草莓作為裝飾，灑上抹茶。

※煎茶（ICE） 參考14頁。

東方美人櫻花奶茶 ❄

材料

東方美人奶茶（ICE）　150g
山真產業 櫻花紅豆餡　50g
金色新鮮珍珠　80g
起司奶蓋　50g
山真產業 櫻花脆餅　適量
冰　適量

製作方式

① 將櫻花紅豆餡、金色新鮮珍珠放入玻璃杯中輕輕攪拌均勻。
② 將冰塊、東方美人奶茶倒入步驟①的杯中，放上起司奶蓋。
③ 灑上櫻花脆餅。
❋ 若要做成熱飲，就將櫻花紅豆餡及珍珠放入杯中，倒入熱的奶茶，放上起司奶蓋後灑櫻花脆餅。

※金色新鮮珍珠的製作方式參考40頁的黑糖珍珠。但是以三溫糖取代黑糖。

※東方美人奶茶（ICE）參考36頁。

※起司奶蓋　參考40頁。

CHOCOLATE TEA 巧克力茶

將苦味及香氣強烈的茶與巧克力搭配在一起，製作成甜點飲料。巧克力有各式各樣的香氣、苦味及酸味，與茶的搭配方式不同，便能夠使口味更加複雜。苦味強烈的抹茶、香氣撲鼻的焙茶、玄米茶都與巧克力十分對味，調配起來也十分愉快。

抹茶白巧克力牛奶 ❄

材料

抹茶醬　15g
白巧克力醬　15g
牛奶　90g
牛奶奶蓋　40g
抹茶巧克力（削片）3g
碎冰　適量

製作方式

① 將冰塊裝進玻璃杯中。
② 將抹茶醬、白巧克力醬、牛奶、冰塊放入調酒器中，搖動使其快速冷卻，濾進步驟①的杯中，放上牛奶奶蓋。
③ 用削皮器將抹茶巧克力削在上面作為裝飾。

✺ 若要做成熱飲，就在杯中倒入溫熱的牛奶後加入醬料攪拌，之後放上奶蓋再灑巧克力後提供。

※抹茶醬　參考39頁。

※白巧克力醬
材料
調溫白巧克力　80g
牛奶　80g

製作方式
①將白巧克力、牛奶放入鍋中融化後冷卻。

※牛奶奶蓋
參考78頁。

焙茶巧克力牛奶 ❄

材料

焙茶奶茶（ICE）　100g
巧克力醬　30g
冰　適量

製作方式

① 將冰塊放入玻璃杯中。焙茶奶茶、巧克力醬、冰塊放入調酒器中，搖動使其快速冷卻後倒入玻璃杯中。

✺ 若要做成熱飲，就將巧克力醬加入溫熱的奶茶當中。

※焙茶奶茶　參考42頁。

※巧克力醬
材料
調溫巧克力　50g
水　100g
細砂糖　25g
可可粉　25g

製作方式
①將所有材料放入鍋中以小火融化。

開心果白巧克力玄米茶 ❄

材料

玄米茶（ICE） 150g
白巧克力奶蓋 40g
開心果醬 10g
開心果 3顆
冰 適量

製作方式

① 將冰塊、玄米茶倒入杯中。
② 將白巧克力奶蓋與開心果醬混合在一起後放在步驟①的杯子上。
③ 以開心果作為裝飾。

✻ 若要做成熱飲，就將熱玄米茶倒入杯中，放上添加了開心果醬的白巧克力奶蓋後裝飾開心果。

※玄米茶（ICE）參考12頁。

※白巧克力奶蓋

材料

白巧克力 80g
牛奶 80g
42%鮮奶油 100g

製作方式

① 將白巧克力、牛奶放入鍋中融化後冷卻。
② 將鮮奶油放入大碗裡以打蛋器打到七分左右，加入步驟①的材料混合。

※開心果醬

材料

開心果（帶皮） 300g
細砂糖 150g

製作方式

① 以食物處理機將開心果打碎為粉狀。
② 將步驟①的材料放入可可豆精磨機中磨到變為滑順狀態。
③ 加入細砂糖繼續研磨到滑順。
※若是因油分不足而容易卡住，請稍為添加一些開心果油使其容易運作。

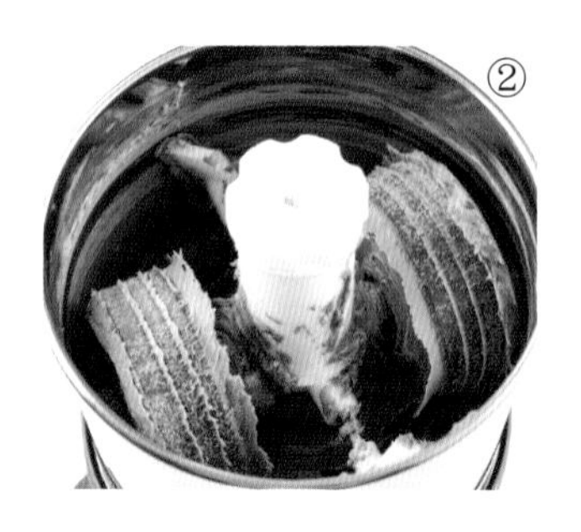

CHOCOLATE TEA >>> 巧克力茶

VEGETABLE TEA

蔬菜茶

這種飲料在酒吧當中推薦給不能喝酒、或者不太喜歡甜飲的人。將蔬菜仔細過濾之後，華麗盛裝起來。乍看之下令人無法想像這是茶飲。飲用時令人驚訝，更能感受到蔬菜及茶的口味與香氣。這是採納料理手法之後打造出的新感覺飲品。

番茄大吉嶺茶 ❄

材料

大吉嶺（ICE） 60g
番茄（濾過液） 60g
細砂糖 10g
大吉嶺（茶葉） 適量
肥皂水 1次量
冰 適量

製作方式

① 將大吉嶺、番茄（濾過液）、細砂糖、冰塊放入調酒器中，搖動使其快速冷卻後，倒入玻璃杯中。
② 將大吉嶺（茶葉）裝進迷你煙霧器當中，管子前端沾取肥皂水，點火開風扇。
③ 前端吹出泡泡之後就輕輕放在玻璃杯上。

※番茄（濾過液）
①將番茄（甜味較強的品種）洗乾淨並去除蒂頭後，以HUROM HW專業攪拌機榨汁。
②以咖啡濾紙過濾。

※肥皂水
材料
肥皂泡用肥皂（無添加物款） 3g
熱水 100g
細砂糖 1g
製作方式
①將肥皂泡用肥皂（無添加物款）、熱水、細砂糖放進容器當中，攪拌均勻製作為肥皂水。

※大吉嶺（ICE）
參考8頁。

HYBRID

小黃瓜抹茶檸檬飲 ❄

材料

抹茶醬　20g
小黃瓜（格子狀）　1/2支量
抹茶醬　20g
檸檬糖漿　40g
水　120g
冰　適量

※小黃瓜（格子狀）
製作方式
① 以削皮器將小黃瓜削片。
② 將步驟①的小黃瓜縱向對切。
③ 鋪好保鮮膜，將綠皮方向對齊、排列為格子狀。
④ 以菜刀將步驟③的小黃瓜切整齊後，用廚房紙巾將濕氣擦乾。

※抹茶醬　參考39頁。

※檸檬糖漿　參考58頁。

製作方式

① 將小黃瓜（格子狀）連同保鮮膜一起貼到玻璃杯當中，慢慢將保鮮膜撕掉。
② 將冰塊放入步驟①的杯中。
③ 將抹茶醬、檸檬糖漿、水、冰放入調酒器中，搖動使其快速冷卻後到入玻璃杯中。

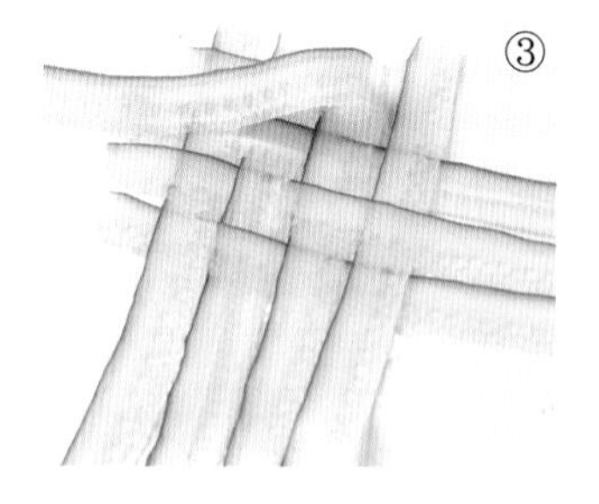

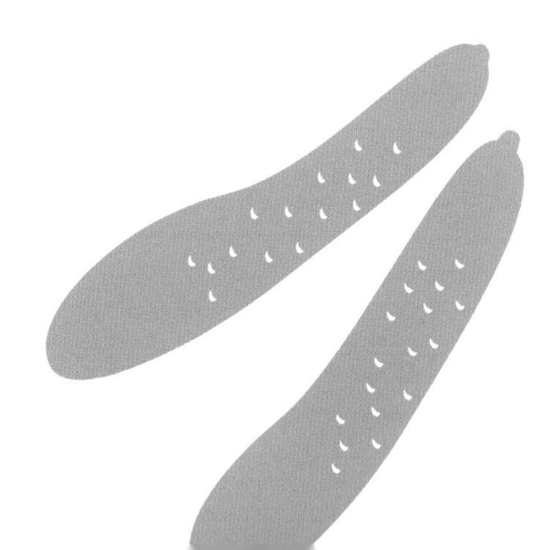

HYBRID

XIENTAN DRINK　鹹蛋飲

鹹蛋是在大陸、香港、台灣、東南亞都有人製作的一種醃漬雞蛋。用鹽醃漬以外還會添加些辛香料，使其香氣更為濃郁。大約2～3星期，蛋黃就會變得帶有黏稠度，而蛋白則十分乾爽。食譜使用與牛奶非常對味的蛋黃。

鹹蛋奶茶 ❄

材料

東方美人奶茶（ICE）　200g
鹹蛋（蛋黃）　2顆
細砂糖　10g
手工珍珠　100g
奶黃醬奶蓋　40g
冰　適量

※手工珍珠的製作方式參考40頁黑糖珍珠。但是以三溫糖取代黑糖。

製作方式

① 將東方美人奶茶、鹹蛋、細砂糖放入Vitamix A2500i以中速攪拌。
② 將手工珍珠、冰塊放入玻璃杯中，倒入步驟①的飲料，放上奶黃醬奶蓋。

※鹹蛋
材料
雞蛋　適量
八角　適量
肉桂　適量
水　適量
鹽　水的20%量

製作方式
① 將水、鹽放入鍋中，使其沸騰融化鹽巴。
② 將步驟①的鹽水靜置冷卻至室溫後倒入密閉容器，將雞蛋、八角、肉桂都放進去。
※放置在陰冷處可保存1個月。
※雞蛋放入容器時，鹽水一定要蓋過雞蛋。

②

※東方美人奶茶（ICE）參考36頁。

※奶黃醬奶蓋
材料
奶黃醬　50g
42%鮮奶油　100g
細砂糖　9g

製作方式
① 將奶黃醬、鮮奶油、細砂糖放進大碗中攪拌均勻。

※奶黃醬
材料
牛奶　240g（蛋黃4倍量）
香草莢　1/4支
蛋黃　60g
細砂糖　60g（與蛋黃同量）
香草精　1g

製作方式
① 將香草莢縱切開來，與牛奶一起放入鍋中開火，加熱到接近沸騰。
② 把蛋黃放進大碗當中，用打蛋器打散後加入細砂糖，攪拌到有濃稠感。
③ 一邊攪拌步驟②的材料，分數次加入步驟①的材料當中（請留心若是一口氣倒進去，蛋黃會因為牛奶的高溫而凝固）。
④ 將步驟③的材料移回鍋中，一邊攪拌一邊以小火加熱（不可加熱至沸騰）。

鹹蛋蛋奶酒

材料

鹹蛋（蛋黃）　2顆
牛奶　120g
蘭姆香精　2滴
細砂糖　5g
巧克力布丁　80g
起司奶蓋　50g
可可粉　適量
冰　適量

製作方式

① 將鹹蛋蛋黃、牛奶、蘭姆香精、細砂糖放入Vitamix A2500i裡以中速攪拌。
② 將巧克力布丁、冰塊放入玻璃杯中，倒入步驟①的飲料後放上起司奶蓋。
③ 灑上可可粉。

※巧克力布丁
材料
水　30g
明膠　6g
牛奶　340g
調溫巧克力　30g
可可粉　30g
細砂糖　20g

製作方式
① 以水泡開明膠後靜置20分鐘。
② 把牛奶與明膠放入鍋中，加熱到接近沸騰，融化明膠。
③ 將調溫巧克力、可可粉、細砂糖放入步驟②的鍋中融化。
※若可可粉無法溶解，就以手動打蛋器或者攪拌器等攪拌溶解。
④ 倒進容器當中，冷卻期間不時攪拌一下使其溫度均勻。開始凝固後就放進冰箱當中。

※鹹蛋　參考104頁。

※起司奶蓋　參考40頁。

SWEET POTATO TEA DRINK

地瓜飲

到了秋天，便能採收非常美味的地瓜。這是非常符合季節的甜點飲料。吃著烤地瓜或地瓜甜點一邊喝茶時，口中清爽的感受能讓人更加感受到地瓜甜點的美味。這是將兩種口味搭配在一起的複合飲料。

烤地瓜焙茶拿鐵 ❄

材料

焙茶（粉） 5g
烤地瓜 70g
牛奶 140g
蘭姆香精 3滴
芋圓（地瓜口味） 100g
起司奶蓋 40g
櫻花煙霧 適量
冰 適量

製作方式

① 將焙茶（粉）、烤地瓜、牛奶、蘭姆香精放入Vitamix A2500i裡以中速攪拌。
② 將芋圓、冰塊放入玻璃杯中，倒入步驟①的飲料，放上起司奶蓋。
③ 蓋上蓋子之後以迷你煙霧器灌入櫻花煙霧。

※ 若要做成熱飲，就將步驟①的飲品加熱後倒入杯中，放上芋圓及起司奶蓋後，灌入櫻花煙霧。
※迷你煙霧器 參考100頁。

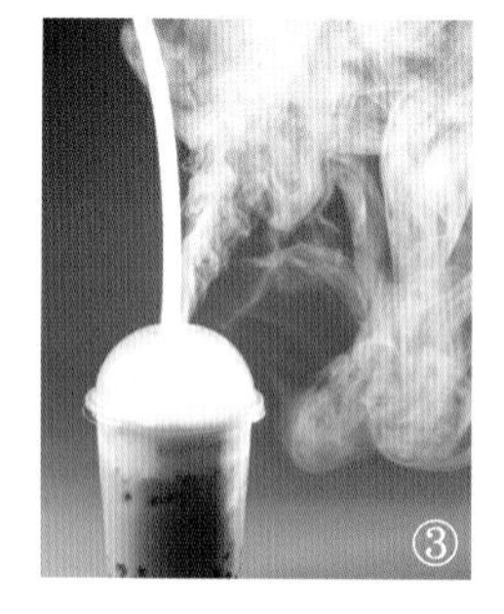

※芋圓（地瓜口味）
材料
芋圓（地瓜口味） 300g
熱水 1500g
三溫糖 90g

製作方式
① 在鍋中放入芋圓5倍量的熱水，以大火煮沸。
② 將芋圓放入步驟①的鍋中，輕輕攪拌直到芋圓浮起。
③ 浮起來之後就以小火煮5分鐘。
④ 煮好以後撈起瀝乾，與三溫糖攪拌在一起。
※會膨脹為1.25倍。
※三溫糖的量為芋圓煮之前的0.3倍量。

※起司奶蓋 參考40頁。

HYBRID

SWEET POTATO TEA DRINK >>> 地瓜飲

安納芋奶茶

材料

烏瓦奶茶（ICE）　200g
安納芋奶油醬　100g
鮮奶油奶泡　50g
求肥　50g
冰　適量

製作方式

① 將安納芋奶油醬放入蒙布朗機當中。
② 冰塊放入杯中，倒入烏瓦奶茶，擠上鮮奶油奶泡之後堆上求肥。
③ 將步驟①的蒙布朗擠在步驟②的杯子上。

③

若要做成熱飲，就將熱奶茶倒入杯中後，擠上鮮奶油奶泡並放上求肥，最後擠上安納芋奶油醬。

※烏瓦奶茶（ICE）參考38頁。

※安納芋奶油醬

材料
安納芋（石窯烤）　200g
細砂糖　100g
蘭姆酒　3g
42%鮮奶油　適量

製作方式
① 安納芋剝皮。
② 將步驟①的安納芋、細砂糖、蘭姆香精放入食物處理機中打成泥狀。
③ 添加鮮奶油做成適當硬度。

※鮮奶油奶泡

材料
42%鮮奶油　100g
細砂糖　9g

製作方式
① 將鮮奶油、細砂糖放入奶泡製作專用機。
② 鎖好蓋子。
③ 打開氣瓶用閥口，將氣閥栓在閥口上充氣。
④ 等到氣體聲音停止就拿下氣閥，關好閥口。
⑤ 專用器上下搖動20～30cm。
⑥ 打開蓋口慢慢垂直將把手抽出。

SWEET3POTATO TEA DRINK >>> 地瓜飲

OTHER TEA　其他茶飲

將茶類搭配料理或者其他高湯做成的飲料。將日本人非常熟悉的食材及高湯香氣與茶葉混合在一起，應該能夠有嶄新發現。直接飲用也非常棒，若能在料理當中搭配餐點享用，料理也會更加美味。

黑胡椒玉米奶茶 ❄

材料

玉米鬚茶　200g
玉米粉　20g
奶粉　40g
起司奶蓋　20g
黑胡椒　少許
冰　適量

製作方式

① 將玉米鬚茶、玉米粉、奶粉放入Vitamix A2500i裡以中速攪拌。
② 將冰塊放入玻璃杯中，倒入步驟①的飲品，放上起司奶蓋。
③ 灑上黑胡椒。

✳ 若要做成熱飲，就將步驟①加熱後放上起司奶蓋，然後灑黑胡椒。

※玉米鬚茶
材料
玉米鬚茶IPC　8g
水 300g

製作方式
①將玉米鬚茶、水放入容器當中在冰箱冷藏半天萃取。

※起司奶蓋　參考40頁。

昆布八角綠茶

材料

煎茶　4g
熱水　150g
八角　1顆
昆布茶（切塊）　1/2片

製作方式

① 將煎茶與60℃熱水放入茶器當中，蓋上蓋子悶1分鐘。
② 將步驟①的茶湯以濾茶器過濾至耐熱杯中。
③ 將八角、昆布茶放入步驟②的杯中。

柴魚高湯玉露 ❄

材料

煎茶（ICE）　50g
冷泡柴魚高湯　50g

製作方式

① 將煎茶、冷泡柴魚高湯放入調酒器中，快速冷卻後倒入杯中

✹ 若要做成熱飲，就將所有材料加熱。

※冷泡柴魚高湯
材料
柴魚　10g
水　500g

製作方式
① 將柴魚及水放入容器當中，置於冰箱中萃取半天。

※煎茶（ICE）參考14頁。

芥末蕎麥&煎茶

材料

煎茶　3g
熱水　160g
蕎麥粒　50g
芥末　2g

製作方式

① 將煎茶與60℃熱水放入茶器中，蓋上蓋子悶1分鐘。
② 將蕎麥粒、芥末放入耐熱杯中輕輕攪拌混合。
③ 將步驟①的茶湯以濾茶器過濾至步驟②的杯中。

※蕎麥粒

材料

蕎麥粒　100g
水　300g

製作方式

① 將蕎麥粒浸泡在大量水中（不在食譜分量內）1小時。
② 將蕎麥粒、水放入鍋中以大火熬煮。沸騰後轉小火，蓋上蓋子煮15分鐘。
③ 以濾網過濾步驟②的蕎麥，清水洗淨蕎麥粒，去除黏滑感。

YOGURT DRINK 優格飲

優格飲料在茶店當中已經開始流行。以優格取代茶湯作為基底，搭配茶飲中經常使用的糖漿、水果等製作而成。優格與水果非常對味，能讓無法喝茶的人也享用美味飲品。

草莓白巧克力優格 ❄

材料 （total容量：500g）

草莓醬 50g
中澤乳業 飲用款優格 200g
白巧克力奶蓋 50g
草莓（切塊） 1個量
冰 適量

製作方式

① 將草莓醬、冰塊、優格依序放入玻璃杯中，放上白巧克力奶蓋。
② 以草莓塊作為裝飾。

※草莓醬 參考73頁。

※白巧克力奶蓋
參考98頁。

酪梨檸檬優格 ❄

材料 (total容量:500g)

酪梨檸檬醬　50g
蘆薈　60g
中澤乳業　飲用款優格　100g
冰　適量

製作方式

① 將酪梨檸檬醬擺進杯中，放入蘆薈與冰塊後倒入優格。

※酪梨檸檬醬
材料
酪梨　100g
檸檬糖漿　100g

製作方式
①將去除果皮與種子的酪梨、檸檬糖漿放入Vitamix A2500i裡以低速攪拌。

※檸檬糖漿　參考58頁。

POPULAR SHOP TEA DRINK

人氣商店飲品

※本書介紹的店家資料及其商品價格等為採訪時資料。

※本書介紹之商品可能因季節而未販售或者內容有所變更。

東京・表参道

COMEBUYTEA 表參道店

東京・自由之丘

茶工廠 CHA-KOUJYOU

東京・澀谷

珍煮丹 TRUEDAN MAGNET by SHIBUYA109店

東京・西荻窪

Satén Japanese tea

東京・澀谷

Piyanee 澀谷店

靜岡・靜岡市

Organic Matcha Stand CHA10

東京・表參道

COMEBUYTEA

表參道店

高級嚴選茶葉及最尖端機械合作誕生
調理身體之健康飲品

由台灣的品茶師自世界各茶葉產地嚴選出高品質茶葉，使用獨家開發的研磨機及機械來萃取茶葉，引發討論話題。使用一般沖泡時兩倍以上的茶葉進行高壓萃取出的茶湯香氣十足、營養價值也高。配料也包含蘆薈等對身體有益的材料，可以體驗自己搭配飲品的樂趣。

>>> SHOP DATA 144頁

港式厚奶＋芋圓

日幣 **630** 元

深焙烏龍茶十分濃郁，與醇厚的淡奶非常對味。五彩繽紛的芋圓是在全世界有17間店面的COMEBUY最受歡迎的配料，特徵是微微的甜味以及Q彈的口感。在店裡點了飲料之後，才會開始以高壓製作飲品，品茶師會以雪克杯搖動飲料使其含有空氣後提供給客人。花一點功夫就能使飲品更具深度、帶有柔和的口感。

調配飲品
人氣No.2

桂花烏龍＋黑糖寒天晶球

日幣 **670** 元

在烏龍茶中添加具有獨特香氣、令人印象深刻的桂花，搭配黑糖寒天晶球作為配料。玻璃杯的容量大約是500ml，配料堅持使用台灣產、無添加物、無著色劑的材料，一杯當中大約使用50～100g。另外，高溫萃取的茶湯含有大量兒茶素，也令人期待當中的抗氧化作用及抗病毒作用。

調配飲品
人氣No.3

鳳梨冰茶＋椰果

日幣 **640** 元

在綠茶中添加茉莉香氣，做成清爽的茉莉綠茶，再搭配台灣特產的鳳梨果汁，配料使用帶有爽脆口感的椰果。該店的果汁是與台灣的契約農家大量採收當季水果製成，由於趁新鮮時便以將果汁冷凍保存，因此整年都可以提供不同季節的美味材料。

季節飲品
推薦款

粉紅瑪黛茶
（黑加侖瑪黛茶＋椰果）

日幣 **670** 元

瑪黛茶被稱為「喝的沙拉」，是具備豐富維他命、礦物質成分的南美傳統茶葉。該店以未烘焙的綠色瑪黛茶結合黑加侖打造出「黑加侖瑪黛茶」，於2020年3月時上市。特徵是美麗的粉紅色與酸甜清爽的口感。在這當季推薦飲料當中添加椰果作為配料，是一款符合春季感的「粉紅瑪黛茶」。

調配飲品
人氣 No.5

葡萄柚烏龍＋蘆薈

日幣 **640** 元

將紅葡萄柚果汁與其鮮豔果肉搭配有一定濃度的烏龍茶，打造出一款具清涼感的飲品。清爽的口味不僅是女性心頭好，也有不少男性喜愛。除了茶湯的兒茶素以外，也能夠攝取紅葡萄柚的維他命C，是一款非常健康的飲料。

受歡迎的熱飲與獨家花茶

錫蘭奶茶＋芋圓＋卡布奶蓋（HOT）

日幣 **740** 元

錫蘭紅茶的特徵是帶有花香及些許澀味，加入牛奶及五彩繽紛的芋圓、最後放上奶蓋。奶蓋是由鮮奶油加上新鮮牛奶後添加些許鹹味，能夠更加凸顯出奶茶的甘甜。能夠自由調配的「CREATEA」有基底茶湯（4款）、牛奶（3款）及果汁（4款）或蜂蜜可以自由搭配製作成飲品。配料可以從8種當中選擇3種，也可以調整甜度及冰量。

東方美人烏龍（HOT・後方） 日幣 **600** 元

這是可以享用茶葉原先口味的選項，東方美人、阿里山烏龍、桂花烏龍、南非國寶茶、木槿紅茶、黑加侖瑪黛茶這六種是「QUALITEA」。東方美人烏龍的發酵度高，口味很接近紅茶。在台灣是與阿里山烏龍齊名的高級銘茶。

桂花烏龍＋黑糖寒天晶球（HOT・前方）

日幣 **670** 元

熱飲當中的黑糖寒天晶球口感會變得比較柔軟有彈性。熱飲一般會使用紙杯提供。

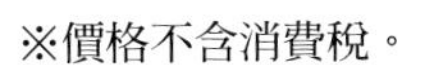

※價格不含消費稅。

東京・自由之丘

茶工廠

CHA-KOUJYOU

6個階段的調配
拓展12種台灣茶葉的魅力

獨家開發的濾過機械萃取出的台灣茶、隨個人喜好搭配的配料也非常多樣化。珍珠除了黑糖口味的黑珍珠以外，也有五彩繽紛不同口味共4種珍珠，拓展了調配的幅度。

>>> SHOP DATA 145頁

調配飲品
人氣 No.1

台灣烏龍奶茶

日幣 **490** 元

甜度：普通、牛奶：鮮奶、配料：黑糖手工珍珠。台灣烏龍茶使用當季的「冬摘」茶葉。在低溫下緩慢成長，葉厚且甜度及香氣都被濃縮的烏龍茶中加了牛奶。牛奶可以選擇鮮奶、低脂肪牛奶、豆漿3種。尺寸有小、中、大，有7成客人會選擇中杯500ml。

調配飲品

人氣 No.2

竹炭台灣烏龍茶

日幣 **590** 元

甜度：微糖、牛奶：鮮奶、配料：芋圓&竹炭。自從2019年在媒體露臉以後，這款飲料就進了前五名。使用了具備整腸功效的竹炭粉末。和台灣烏龍茶搭配在一起之後會成為淡淡的墨色，與乳白色的牛奶呈現對比而相當美麗。配料使用黃色（地瓜）、紫色（紫芋）、白色（山藥）的五彩繽紛「芋圓」，相當對味。

調配飲品

人氣 No.3

黑糖珍珠牛奶

日幣 **550** 元

甜度：普通、牛奶：鮮奶、配料：黑糖手工珍珠。在杯緣內側淋上沖繩縣產黑糖做成的醬料，放入黑糖手工珍珠之後再倒入牛奶。該店所經營的株式會社MARUI物產也有在製造珍珠，品項包含4種珍珠（黑糖手工珍珠、手工珍珠、無糖珍珠、芋圓）。每天使用量（4種合計）平日約7kg、週末約14kg，到了夏季則是平日的3倍。珍珠會使用專用鍋烹煮後保溫提供。也有許多男性點選這款飲料。

調配飲品

人氣 No.4

伯爵奶茶

日幣 **490** 元

甜度：普通、牛奶：鮮奶、配料：手工珍珠。英式紅茶中的伯爵是添加了香柑香氣的紅茶，口味非常清爽。除了具有紅茶原先的殺菌作用、補充維他命以外，也令人期待防老化效果，是女性非常喜愛的飲品。

調配飲品

人氣 No.5

抹茶牛奶

日幣 **490** 元

甜度：普通、牛奶：鮮奶、配料：手工珍珠。使用靜岡縣產抹茶搭配鮮奶的飲品。鮮豔的綠色給人略微成熟的深刻印象。下層牛奶添加了甜度來增加重量，打造出與上層分離的美麗雙層效果。

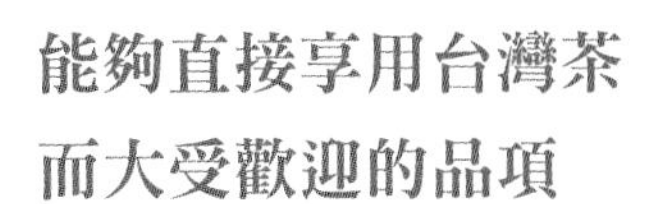

能夠直接享用台灣茶
而大受歡迎的品項

白桃烏龍茶（左） 日幣 **350** 元

添加了水嫩白桃香氣、宛如水果茶般的香料茶。清爽的口味與柔和的香氣使台灣烏龍茶更具深度。

東方美人茶（右） 日幣 **350** 元

特徵是發酵度高，令人聯想到紅茶。可以調整腸胃情況，也可改善便秘、具美肌效果，是非常健康的茶飲、受到女性歡迎。

2020年5月中旬起的新款
水果茶飲令人期待

百香果（右）
草莓與枸杞（左）
粉紅葡萄柚（後方）

迎接2020年夏季，新的品項是順口而口味清爽的飲品。株式會社MARUI物產開發了結合水果以及椰果的3種醬料（100g），作為新的水果茶品項。「百香果」的特徵是有著百香果籽顆粒感及適當的酸味。「草莓與枸杞」則在鮮豔的莓果色調當中添加枸杞作為點綴。「粉紅葡萄柚」則以粉紅色的果肉讓茶飲更加美麗。基底茶葉是帶有清涼感的茉莉花茶（採訪時資料）又或具透明感的四季青茶。

※價格不含消費稅。皆為中杯。

東京・澀谷

珍煮丹

TRUEDAN
MAGNET by SHIBUYA109店

精挑細選搭配原創黑糖的茶葉，以日本產乳製品及抹茶創作出極具個性之茶飲

本店以台灣自家工廠製造的黑糖及珍珠，搭配牛奶做成的「黑糖珍珠牛奶」獲得極高評價。在日本以台灣茶葉搭配濃厚的北海道乳製品及高級宇治抹茶，提供與台灣不同口味的飲品。

>>> SHOP DATA 146頁

黑糖宇治抹茶奶茶

日幣 **550** 元

京都府宇治產抹茶的苦味與台灣產黑糖及珍珠的濃郁甜蜜非常對味。黑糖奶茶在台灣也非常受歡迎，除此款茶飲外還有「黑糖阿薩姆奶茶」、「黑糖鐵觀音烏龍奶茶」（皆為M杯500ml日幣450元）等共五種。材料堅持使用無添加物的自然材料，在店面煮好的珍珠浸泡在黑糖漿當中，超過3小時就會廢棄，非常注重在衛生方面，管理得十分徹底。

新鮮水果茶

日幣 **750** 元

使用新鮮水果與台灣茶葉，添加三溫糖的清爽飲品。以茉莉花茶作為基底，添加法國產的百香果與金柑果泥、自家生產的鳳梨果泥，放上柳橙、萊姆、奇異果、蘋果等作為裝飾，滿載各種水果。在茉莉花茶中可以感受到些許萊姆的苦澀，然後水果的甘甜滲入喉頭。無熱飲款，只有L杯（700ml）。

草莓&濃厚藍莓牛奶

日幣 **600** 元

這是2020年情人節限定的嶄新飲品。牛奶、藍莓、草莓共３層，色彩繽紛的飲品。特徵是藍莓的酸味及草莓的微甜，將３層混在一起，可以享受奶香莓果。

2020年春天起升級的茶飲

特級抹茶牛奶

日幣 **600** 元

更上一層樓的抹茶飲，材料選用的是自古便栽種於日本，不使用農藥及肥料的無添加物抹茶。

特級阿薩姆奶茶

日幣 **550** 元

使用100%印度東北部阿薩姆州摘採的阿薩姆茶葉。可以體會阿薩姆茶特有的芳醇香氣與紅茶純正的口味。

支撐人氣品牌的2大飲品

黑糖珍珠牛奶

日幣 **650** 元

在台灣自家工廠製造的黑糖，堅持採用能夠維持材料美味的傳統工法來製作，富含維他命、礦物質及鈣質。在日本使用的是北海道產牛奶，因此比台灣本地的「黑糖珍珠牛奶」具備更加濃厚的口感。浸泡在黑糖漿中的珍珠有著如同蕨餅般的柔軟口感，一顆顆甘甜濃郁令人印象深刻。

奶蓋
黑糖 ORIO 珍珠牛奶

日幣 **750** 元

珍珠、黑糖牛奶、北海道產牛奶起司的奶蓋，在這3層頂端灑上巧克力碎餅，並放上ORIO做成聖代的感覺。最受歡迎的享用方式之一，是以ORIO挖起司奶蓋來食用。本店五個系列的飲品包含牛奶、奶茶、奶蓋、水果茶共20種有4階段的客製方式可以選擇。

※價格不含消費稅。除了新鮮水果茶以外都是M杯。

東京・西荻窪

Satén Japanese tea

由傾盡各自領域知識的品茶師及咖啡師所打造的茶飲專門店。除了在客人面前沖泡綠茶或抹茶、以日本茶打造的歐蕾、啤酒等，也包含與酒精調配的雞尾茶飲，可以對應各式各樣的需求。

>>> SHOP DATA 147頁

綠茶單一款

日幣 **530** 元

從日本全國挑選出的產地、農園綠茶，以「本日綠茶」的方式提供。採訪時提供的是福岡縣八女市的農園「千代乃園」的「OKUYUTAKA」。特徵是花般的甘甜香氣與鮮味。將96℃的熱水放進裝了冰塊的耐熱玻璃壺冷卻，注入茶壺當中讓茶葉緩緩張開、帶出清甜。並非單純品嘗第一泡，而要用三泡萃取出約200ml才算完成。以復古風格的陶瓷杯提供給客人，可以享用綠茶柔和的甘甜。

抹茶拿鐵 (ICE)

日幣 **600** 元

使用京都・宇治白川的農園「辻喜」的抹茶。該農園在品評會上獲獎多數，精挑細選新芽葉片、以石臼研磨製作為抹茶。使用抹茶4g添加熱水30ml刷出的抹茶，搭配低溫殺菌牛奶。清爽的牛奶香甜與抹茶濃厚香氣與微苦口味令人印象深刻。本店的冷飲使用松德硝子株式會社製作的「薄款飲料杯」提供給客人。

砂炒焙茶拿鐵 (ICE)

日幣 **540** 元

茶葉使用茨城・猿島那維持古老砂煎製法的「砂炒焙茶」。以遠紅外線加熱的茶葉帶有柔和且具深度的甘甜，且具備華麗的香氣。使用空壓機萃取13g茶葉，是一般用量的好幾倍，因此也較為濃郁。清爽的口味非常受到歡迎。

冠名NISHI-OGIKUBO的
咖啡飲品也受到矚目

NISHI-OGIKUBO
ICE COFFEE

日幣 **600** 元

以咖啡萃取出香氣濃郁的深煎焙茶，添加以蔗糖增添甜度的特製糖漿「西荻窪咖啡糖漿」與牛奶打造成的冰咖啡歐蕾。本店為了讓飲用者能在享用咖啡基底飲料時感受到牛奶濃郁感，選用高溫殺菌牛奶；而抹茶等則使用能讓人感受到牛奶溫和甜度的低溫殺菌牛奶。

調配日本茶的
雞尾酒也引發話題

抹茶啤酒　日幣950元

「Japanese Tea Cocktail」系列的雞尾酒。將京都・宇治白川的「辻喜」抹茶與啤酒（KIRIN HEARTLAND）搭配在一起。有客人點此款飲品時才開始刷抹茶，然後倒入裝有啤酒的玻璃杯中。除非顧客眾多，否則會拿到客人面前才開始倒抹茶，有許多顧客對於深綠色的抹茶注入琥珀色啤酒當中慢慢融合的樣子感動不已。此款飲品受到20至30多歲的男性歡迎。「Japanese Tea Cocktail」系列另外還有「煎茶琴湯尼」（900日元）與「焙茶自由古巴」（900日元）。

愛爾蘭抹茶

日幣950元

溫熱的愛爾蘭威士忌添加甜度之後倒入抹茶，最後蓋上鮮奶油。鮮奶油那溫和口感後帶來的是微苦的抹茶及稍甜的愛爾蘭威士忌。能夠暖和身心的飲品，是晚上18點後限定的「Japanese Tea Cocktail」系列飲品之一。另外還有「沙丁沙瓦」（4種各600日元）、「抹茶琴湯尼」（900日元）等共6種。

※價格不含消費稅。

東京・澀谷

Piyanee

澀谷店

店長於當地挑選茶葉
調配也耗費功夫的泰式紅茶

泰式紅茶有著如紅寶石般深紅色且帶煙燻香氣，還有搭配煉乳打造而成的獨家泰式奶茶、使用荔枝等亞洲水果調配成的飲品都非常受到歡迎。甜度可調整、配料有珍珠等，可以享受五個階段自由調配，打造出自己喜愛的飲品。

>>> SHOP DATA 148頁

珍珠泰式奶茶

日幣 **650** 元

由於泰國前國王拉瑪六世（瓦棲拉兀）的皇家企劃，北部山岳地帶那被稱為黃金三角地帶的地區，由原先栽植的鴉片改種茶葉或者咖啡等農作物。本店採用該地小村莊的茶葉。由於焙煎2次，茶湯為深紅色，並且有著煙燻香氣。以濃度深厚的濃縮牛奶調配，並使用煉乳來增添甜度。在店內備料的珍珠浸泡在黑糖蜜中，有著具彈性的口感。

仙草凍泰式奶茶

日幣 **650** 元

仙草是為人所知的生藥，具有冷卻身體熱度的功效，據說也對美容及減肥有效。本店使用自家生產的仙草凍，在使用煉乳打造出具有濃厚甜度的泰式奶茶當中，每杯添加100g作為配料，那滑溜又柔軟的口感與些微苦味令人印象深刻。

烏龍荔枝

日幣 **600** 元

烏龍茶清爽口味與微甜的甘甜荔枝結合在一起，也非常適合搭配泰式料理。本店另有將玫瑰芬芳氣息與荔枝搭配在一起的「玫瑰荔枝蘇打」（L杯700日元）。

檸檬純泰式茶

日幣 **580** 元

為了使品嘗者能感受到泰式茶那鮮豔的紅寶石色以及獨特的煙燻香氣，直接沖泡茶湯後搭配檸檬片，是非常具清涼感的一品。本店的泰式茶是店長伊藤於當地精挑細選的數種紅茶調配而成的獨家茶飲。

珍珠抹茶

日幣 **700** 元

將宇治抹茶、牛奶、浸泡過黑糖蜜的珍珠搭配在一起。本店也提供宇治抹茶這類散發清淡和風的飲品，拓展顧客層。

芒果茶

日幣 **700** 元

在香氣濃郁的茉莉花茶中添加芒果醬，再放入100g之多的冷凍芒果，打造出滿滿水果感的飲品。在芒果仍凍結時可以單純享用茉莉花茶，芒果開始融化後變能以吸管壓碎芒果後與茶湯一同吸食。本店堅持使用微甜及酸度適中而受到歡迎的泰國芒果。

※價格不含消費稅。芒果茶以外皆為Ｌ杯。

靜岡・靜岡市

Organic Matcha Stand CHA10

使用靜岡縣產有機抹茶
提出將美與健康列入考量的享用方式

此處使用高地栽培的川根產有機抹茶、以及應用玉露被覆栽培技術的岡部產抹茶。搭配的材料也是縣產的牛奶及甜菜糖等，精挑細選對身體有益的材料。另外也提供顧客注入氮氣的「NITRO抹茶」等話題性的飲品，緊抓住年輕世代的心。

>>> SHOP DATA 149頁

NITRO 抹茶

日幣 **500** 元

針對年輕世代當中引發話題而策劃的氮氣飲品，為本店招牌飲品。將抹茶液置入氮氣咖啡機、灌入氮氣以後倒進香檳杯中，柔和的口感過了一段時間後也能享用氣泡的樂趣。為了活用濃厚的有機川根抹茶，仔細探究抹茶宇自家製甜菜糖的比例來打造甜度分量，展現出令人驚豔的口味。有許多第一次來的客人都會選擇這款飲品。

抹茶拿鐵（ICE）

日幣 **500** 元

將香氣濃郁、具有美麗翡翠色的有機抹茶（川根）搭配靜岡縣產「來自富士之國的牛奶」，並添加自家製甜菜糖漿作為甜度。為了使將抹茶的美味傳達給年輕世代，因此打造出這款使用甘甜的牛乳搭配帶苦味的抹茶飲品。由於飲用口感清爽，因此夏季有許多顧客選擇這款飲品。不會結霜的Bodum®製雙層玻璃杯「double water glass」也非常有質感。

抹茶拿鐵（HOT）

日幣 **400** 元

有機川根抹茶搭配靜岡牛奶。牛奶使用蒸氣機打成奶泡，做出滑順口感。本店同時有考量健康與美而為女性研發的「抹茶SOY拿鐵」（400日元），也可以提供給飲食為完全蔬食（Vegan）取向的顧客或者外國顧客。

抹茶（HOT）

日幣 **500** 元

有機抹茶（岡部）的產地岡部地區，是以日本3大玉露產地之一聞名。特徵是應用玉露的被覆栽培使茶葉除了鮮味及香氣以外，更增添了優雅的甜度及濃郁感，且色澤為美麗的綠色。將60～70℃的熱水倒入2g抹茶當中刷好，再以義式咖啡杯提供給顧客。可以享用岡部抹茶深奧口味，正月時有許多人點這款飲品。

和紅茶

日幣 **400** 元

鹿兒島縣屋久島產的有機紅茶，有著美麗紅寶石色彩而不苦澀，餘韻清爽因此很多人會再次光顧店面選擇這款飲品。另外也提供「柚子蜜柑和紅茶」以及「威士忌和紅茶」（皆為日幣500元。冷飲與熱飲都有提供）。建議想品嘗和紅茶的美味之處，就要喝純茶。

抹茶檸檬飲

日幣 **500** 元

將有機抹茶（川根）、100％檸檬汁及自家製甜菜糖漿搭配在一起後，添加碳酸製作成的清爽飲品。原先是夏季限定飲品，由於大受歡迎，最後整年提供。檸檬的酸味、抹茶的苦澀以及甜菜糖的甘甜平衡絕妙無比。使用Bodum®製的「double water glass」提供給顧客。

SHOP DATA

COMEBUYTEA

東京都澀谷區神宮前4-9-3清原大樓1樓
03（6804）5699
10點～22點 不定期休息
50坪・50個座位
https://comebuytea.jp
>>>菜單刊登於120頁起
（譯註：本店現已休業）

1. 本店由品茶師自全世界精挑細選出高品質茶葉，可自由調配，組合起來約有300種。使用獨家開發、取得國際專利發明認證的「TEA Grinder」（照片後方）及「TEAPRESSO機」（照片前方），萃取出最高品質的口味及香氣。採訪時有10種茶葉。店員會在顧客點餐後點選「TEA Grinder」並依用量研磨茶葉10秒，之後裝置在「TEAPRESSO機」上，以高壓高溫60秒萃取出新鮮茶湯。
2. 店長米澤秀輝先生。具備世界標準訓練的調茶師資格。

由台灣走向全世界 更上一層樓的茶飲品牌

「COMEBUYTEA」是由2002年於台灣台北誕生的「COMEBUY」打造出的更上層樓茶飲品牌，於2016年誕生，已在世界六國及地區設立17間店面。在日本則是2019年9月於東京表參道設立了1號店。店家的目標在於透過正統茶飲，打造出人們交流溝通的場所，到訪店面的除了30～40歲的女性顧客以外，也有當地居民以及附近的員工。

店長米澤先生表示：「顧客可以依據自己的心情及喜好，配合身體狀況自由調配，享用自己獨創的一杯飲品。我的目標在於打造出一間讓人除了能夠享用正統美味茶飲同時，也能夠輕鬆度過這段時間的店家，讓這裡成為一個舒適的交流溝通空間。」

SHOP DATA

茶工廠

CHA-KOUJYOU

東京都目黑區自由之丘2-12-21
最上大樓1F
11點～21點 不定期休息
14坪
https://cha-koujyou.com
>>> 菜單刊登於124頁起

1. 自由之丘車站周邊是甜點激戰區。明亮而開放式的店面，除了愛好甜點的女性顧客以外，也有許多親子或者情侶前往而非常熱鬧。
2. 左起為店長大沼朝陽先生、時薪員工田口朋實小姐及稗田彩果小姐。
3. 在日本比較少見的觸控螢幕點菜機。螢幕上除了推薦菜單以外，也會顯示出受歡迎的前五名飲品。

以濾泡機及觸控螢幕 體驗嶄新的台灣茶世界

2019年3月在東急電鐵自由之丘車站，開了一間可以享用台灣茶的店鋪。顧客層以20多至30多歲的女性為主，以觸控螢幕點餐的樣子看來都非常熟練。精挑細選的茶葉是從台灣具100年以上歷史的廠商直接進口，使用的是高級茶葉原產地南投縣的產品。另外，在萃取茶湯方面也有所堅持，使用熱傳導性質優良的加熱管來打造濾泡機。採訪時共有六款茗茶，各取100g以5公升水來萃取，上層放了冰塊，以急速冷卻的方式盡可能引出茶葉原始的口味。

選項眾多因此搭配的組合也非常繁多，目前為止試做的飲品數量多達500~1000種。2020年5月中旬起在珍珠風潮之後，預計引進的是添加了椰果的水果茶，繼續將茶飲的魅力傳遞給大眾。

珍煮丹

TRUEDAN
MAGNET by SHIBUYA109店

東京都澀谷區神南1-23-10 MAGNET by SHIBUYA109 7樓
03（6455）2233
Open 11點～23點（L.O. 22點）
1/1外無休（依MAGNET by SHIBUYA109休館日為準）
10坪
https://jenjudan.jp
>>> 菜單刊登於128頁起

1. 點餐後可以在「MAGNET by SHIBUYA109」7樓「MAG7」的內用區享用。
2. 左起是工作人員陳玫伶小姐及佐野晃宗先生。

在台灣具備實力且受歡迎的知名店家

「珍煮丹」於２０１０年自台灣士林觀光夜市起家。除了自家工廠製造的黑糖及珍珠以外，精挑細選的茶葉有著新鮮度與香氣，因此受到顧客歡迎。２０１７年在台灣的手機網站主辦的品飲活動當中被選為最好喝的珍珠奶茶，是非常有實力的店家。２０１９年６月首次來到日本，於澀谷開店，顧客除了10幾20歲的女性以外，也有許多國內外觀光客來訪。由於是黑糖飲品專門店家，因此與黑糖非常對味的茶葉「鐵觀音烏龍（冷泡）」、「日月潭阿薩姆紅茶」、「阿里山金萱茶（冷泡）」、「茉莉花茶」為主，在店內萃取茶湯。

負責該店的宏勝商事株式會社本部長許維志先生表示：「目前已經在淺草雷門開設了日本的２號店。今後會致力於茶葉上，使用高品質抹茶及阿薩姆等，也預計製作每個月更換的飲品項目。」

SHOP DATA

Satén Japanese tea

東京都杉並區松庵3-25-9
03（6754）8866
星期一～四、六日10點～21點
星期五～23點
無休息日
13坪・20個座位
https://saten.jp

>>> 菜單刊登於132頁起

1. 由品茶師小山和裕先生（照片右方）與咖啡師藤岡響先生（左）經營。小山先生是原先位於吉祥寺的咖啡廳「UNI STAND」的店主，也具備於日本茶專門店工作的經驗。藤岡先生則在日本「BLUE BOTTLE COFFE」負責訓練咖啡師。

2. 店裡的目標是結合咖啡飲品。將平型茶壺與泡茶工具陳列在顧客能看見工作人員手部動作的低矮吧台上，店內深處則是茶店及有著北歐風格咖啡廳的座位區。

3. 食品及甜點菜單也非常豐富。「紅豆奶油吐司」（照片後方500日圓）的吐司麵包是特別向世田谷區經堂的烘焙坊「onka」訂購的。「抹茶布丁」（照片前方350日圓）可以享用抹茶、鮮奶油、牛奶布丁三層不同口味。

讓人感受到日本茶近在身邊 生根當地的茶飲專門店

2019年4月，在JR西荻窪南口附近開張的「Saten Japanese tea」，是由株式會社抽出社的品茶師（茶業界的品酒師）小山和裕先生與同公司的咖啡師藤岡響先生經營的日本茶專門店。兩個人打造的菜單，除了使用日本茶製作的飲品以外，也包含了咖啡、雞尾酒，以及吐司等食物和甜點，品項非常豐富。由早到晚都有20～30歲左右的女性或者女高中生前來，晚上則是當地居民。也有許多外帶餐點的顧客，每天開店後就不斷有顧客上門。

小山先生表示：「本店的抹茶選用京都宇治白川的品牌，煎茶則向10處農家購買10種品項，我們肩負著則茶葉到泡出一杯茶的責任，為顧客奉上一盞茶的時間。希望綠茶、抹茶以及相關的調配飲品，能讓顧客享受到日本茶近在身邊的樂趣。」

Piyanee 渋谷店

東京都澀谷區宇田川町33-8 EMILIA BILL 1樓
03（6455）0234
10點～23點 不定期休息
12坪・8個座位
https://www.piyanee.com
>>>菜單刊登於136頁起

1. 店長伊藤Piyanee小姐出身泰國，已經居住在日本15年。希望能讓大家了解傳統的泰茶萃取方法，只在週末時會在澀谷店現身展示。需要以布製的濾茶器不斷重複過濾，直到茶湯成為深紅寶石色。
2. 員工淺見惠美加小姐（左）與松枝絢香小姐。

推出獨家品牌 日本第一間泰茶專門店

「大家是不是覺得泰茶是橘色的？Piyanee是在當地精挑細選出幾種茶葉來調製的。無添加、無著色茶葉反覆萃取，要一邊注意茶湯的狀態，這樣就能夠產生獨特的香氣，並且轉變為深紅寶石色唷。」與我們聊這些話的同時正以傳統方式萃取泰式紅茶的，便是這間「Piyanee」的店長伊藤Piyanee小姐。

由於希望能夠將優質的泰式紅茶介紹給日本人，因此她於2018年5月時，在澀谷東急百貨店本店前開了日本第一間泰茶專門店。搭配錫蘭紅茶調配的獨家茶湯中添加浸漬在黑糖蜜裡的珍珠作為配料，包含這款「珍珠泰茶」在內共有約15種飲品，前來的顧客男女老幼皆有。2019年在東京・惠比壽開了2號店。今後的夢想是除了泰茶以外，也想將亞洲各地的美味茶飲介紹給大家。

Organic Matcha Stand CHA10

靜岡縣靜岡市葵區鷹匠1-11-6
054（204）2210
Open 9點～17點 星期二定休
19坪・12個座位
https://cha10.jp

>>>菜單刊登於140頁起

1. 店長中野目則子小姐曾於大型咖啡店及養生健康餐廳鑽研累積經驗。
2. 販售和紅茶等品項。
3. 木紋風格的吧檯座位。
4. 甜點全部都是全蔬材料製成，完全不使用雞蛋、牛奶等葷食。照片自左上依順時鐘序為「抹茶杯子蛋糕」（500日圓）、「抹茶阿芙佳朵」（500日圓）、「豆漿起司蛋糕」（600日圓）。價格不含稅。

全蔬甜點也引發話題的抹茶店家

店家以「對身體溫和的茶飲及甜點，每次來到店裡都覺得自己再次成功抗老化的咖啡廳」作為概念，提出各式各樣的抹茶飲用方式。靜岡縣內的茶舖株式會社KAKUNI茶藤在2017年11月便已成立本店，但2019年6月請來在飲食業界也具備豐富經驗的中野目則子小姐成為店長。「抹茶」是抗老化不可或缺的超級食物之一，使用兩種有機栽培的茗茶，也提供鹿兒島、屋久島產的和紅茶。

中野目小姐表示：「上午主要推薦含咖啡因的抹茶、如果希望享用甜點就搭配合紅茶等，我會詢問顧客的情況及身體狀況來推薦飲品。」健康且外觀美麗的抹茶飲品，非常受到歐洲、韓國等外國人顧客歡迎，常態準備著5～6種全蔬材料甜點，除了講求健康的女性以外，也受到許多喜愛甜點的男性歡迎。

COLUMN

未來將是無酒精飲料搭配組合的時代，主角便是茶飲

提到套餐搭配，如果是紅酒與料理，很容易就聯想到搭配的方式，但是料理與飲品搭配在一起的文化，其實日本從以前就有了。比方說料理的隱語當中有個「AGARI」，是許多人都聽過的，這是壽司店在餐後送上的熱騰騰煎茶。現代也有很多人會在用餐時搭配飲用。煎茶如果用50～60℃左右的溫水去悶蒸萃取，就不會有苦澀味而比較甘甜，會非常容易入口，但壽司店卻提供熱騰騰的煎茶。這當然是有理由的。

①壽司（醋飯）很甜，攝取苦味可以降低一些甜膩感。

②熱騰騰的茶可以用溫度化解魚的油膩。

③兒茶素具有殺菌效果。

④咖啡因有放鬆效果，能夠緩和用餐的緊張情緒。

煎茶在45℃左右能夠萃取出綠茶特有的胺基酸「茶氨酸」。胺基酸是屬於鮮味成分，因此就算使用低溫萃取，也能夠充泡的非常好喝。超過60℃就會萃取出苦味、澀味成分，也就是屬於多酚的「兒茶素」。眾所周知這種成分含有抗氧化作用、抗菌作用、抗過敏作用、抗癌作用、抑制血壓上升作用、改善脂質代謝等生理作用，一般認為可以預防改善生活習慣病。氧化之後相互結合就會成為丹寧。

茶會苦澀，就表示萃取出許多兒茶素。超過68℃左右就會萃

取出苦味成分咖啡因。人家都知道咖啡因具有使人清醒等興奮作用及促進排尿作用，但除此之外，咖啡因也能夠提高自律神經功效、提高精神集中力使工作能力提升、提高運動能力、促進體脂肪燃燒等，目前已知有各式各樣的功效。

西餐廳也會在餐後送上咖啡或者紅茶，這也是由於咖啡因具有使人放鬆用餐時緊張心情的效果。餐後飲用的飲料若是不好喝，就會讓人留下糟糕的印象，使人覺得非常遺憾。現在餐點美味幾乎成了理所當然，因此針對料理內容來思考搭配的飲品以及餐後飲品，便是非常重要的。

日本是全世界屈指可數的甜點大國。能夠享用各式各樣範疇的不同甜點。自古以來也有將抹茶與和果子搭配在一起享用的文化。抹茶非常苦、而和果子非常甜，兩者同時品嘗能讓苦味與甜味都變得非常溫和、更加美味。獨自享用時覺得不易入口的東西，搭配在一起就會非常順口。這就是餐點搭配的基礎。另外，配合香氣來選擇茶葉的話，更能夠拓展選擇的幅度。

現今無法飲用酒精類飲品、或者選擇不喝的人越來越多了。西餐廳、居酒屋當中的酒精飲料雖然非常多樣化，但是軟性飲料大部分使用市面上的成品，口味上沒有什麼差異。另外，目前軟性飲料的特徵就是大多是甜飲，但在海外的頂尖西餐廳除了酒精與餐點的組合以外，也有越來越多店家提供無酒精飲料與餐點的組合。

雖然還有很多人會同時享用酒類與餐點，但我們也感受到時代的方向已經逐漸轉為不喝酒而好好享用餐點、同時享受與他人的對話。並且這也是為了無法飲用酒類的人，更應該逐漸建立起不喝酒也能盡興的環境。

如果西餐廳能夠搭配前菜選擇軟性飲料、為魚類料理或肉類料理搭配可飲用的無酒精飲料，肯定能讓前來用餐的顧客都感到滿足。居酒屋最流行的飲品是高球及檸檬沙瓦。這些飲料用來搭配餐點確實非常清爽，畢竟軟性飲料目前還是大多傾向味甜。不過舉例來說，甜度降低的抹茶檸檬飲這類茶飲，應該也與口味較清爽的烤雞肉非常對味。

日本的餐點傾向做得甜一些，因此大家比較喜歡苦味強或者沒有甜味的飲品。最具代表性的咖啡與茶一樣屬於軟性飲料，但是香氣強烈，比較不適合作為用餐中的飲品，而茶飲和許多食物都非常對味，能夠拓展用餐飲品的可能性。

代替後記

2020 年初為了這本書進行準備的時候，大家還過著平凡的日常生活。但是在接近編輯完成的現在，卻因為新型肺炎的影響，甚至發布了緊急事態宣言，街上的景色變得大不相同。當初協助我們採訪的店家，也必須縮短營業時間、或者以暫時休業的方式來因應。茶是一種具備全球性特質以及多樣性的飲品。而我們居住的世界也是這樣的。希望這個世界能夠早一日恢復原先的日常。

2020 年 4 月 30 日

TITLE

瘋手搖！開店 90 款茶飲特調技術

STAFF

出版	瑞昇文化事業股份有限公司
作者	片倉康博　田中美奈子
譯者	黃詩婷
總編輯	郭湘齡
責任編輯	蕭妤秦
文字編輯	張聿雯
美術編輯	許菩真
排版	執筆者設計工作室
製版	明宏彩色照相製版有限公司
印刷	桂林彩色印刷股份有限公司
法律顧問	立勤國際法律事務所　黃沛聲律師
戶名	瑞昇文化事業股份有限公司
劃撥帳號	19598343
地址	新北市中和區景平路464巷2弄1-4號
電話	(02)2945-3191
傳真	(02)2945-3190
網址	www.rising-books.com.tw
Mail	deepblue@rising-books.com.tw
初版日期	2021年6月
定價	420元

ORIGINAL JAPANESE EDITION STAFF

撮影	田中 慶　曽我浩一郎（旭屋出版）
デザイン	島田薫之莉（モグ・ワークス）
スタイリング	村松真記
取材協力	山本あゆみ
編集	前田和彦

國家圖書館出版品預行編目資料

瘋手搖!開店90款茶飲特調技術/片倉康博, 田中美奈子作 ; 黃詩婷譯. -- 初版. -- 新北市 : 瑞昇文化事業股份有限公司, 2021.05
152面 ; 20.7 x 28公分
譯自 : ティードリンクマニュアル
ISBN 978-986-401-491-0(平裝)
1.茶食譜 2.飲料

427.4　　110006259

Tea Drink Manual

Originally published in Japan in 2020 by ASAHIYA SHUPPAN CO.,LTD..
Chinese translation rights arranged through DAIKOUSHA INC.,KAWAGOE.